FORSCHUNGSBERICHTE
DES WIRTSCHAFTS- UND VERKEHRSMINISTERIUMS
NORDRHEIN-WESTFALEN

Herausgegeben von Staatssekretär Prof. Leo Brandt

Nr. 340

Dipl.-Ing. W. Rohs
Dipl.-Ing. R. Otto

Techn. Wissenschaftl. Büro für die Bastfaserindustrie Bielefeld

Das Naßspinnen von Bastfasergarnen mit Spinnbadzusätzen unter Ausnutzung einer zentralen Spinnwasserversorgungsanlage

Als Manuskript gedruckt

SPRINGER FACHMEDIEN WIESBADEN GMBH

ISBN 978-3-663-03359-2   ISBN 978-3-663-04548-9 (eBook)
DOI 10.1007/978-3-663-04548-9

Forschungsberichte des Wirtschafts- und Verkehrsministeriums Nordrhein-Westfalen

G l i e d e r u n g

    I. Einleitung . . . . S. 5

   II. Anlage für zentrale Spinnwasserversorgung . . . . S. 5

  III. Überprüfung der Anlage . . . . S. 11

       1. Temperaturhaltung . . . . S. 11

       2. Zustand des Wassers in den Spinntrögen . . . . S. 15

   IV. Spinnen mit chemischen Zusätzen zum Spinnbad . . . . S. 22

       1. Spinnbadzusätze und deren Konzentration . . . . S. 22

       2. Spinnversuche . . . . S. 24

       3. Garnprüfung . . . . S. 34

    V. Anlage- und Betriebskosten . . . . S. 37

   VI. Zusammenfassung . . . . S. 40

Forschungsberichte des Wirtschafts- und Verkehrsministeriums Nordrhein-Westfalen

I. Einleitung

Die Beigabe von chemischen Hilfsmitteln zum Spinnbad der Naßspinnmaschine bringt, wie frühere eingehende Untersuchungen (vergl. Forschungsbericht Nr. 13 des Wirtschafts- und Verkehrsministeriums Nordrhein-Westfalen) erwiesen haben, eine Verbesserung der Verzugsfähigkeit der Bastfaser im Streckfeld mit sich und bewirkt eine Verringerung der Fadenbruchhäufigkeit. Damit wird eine Verbesserung des Maschinenwirkungsgrades und eine Erhöhung der Wirtschaftlichkeit erreicht. Weiterhin ergibt sich die Möglichkeit, die Temperatur des Spinnwassers zu senken und dadurch eine Verbesserung der Arbeitsbedingungen in den Naßspinnsälen herbeizuführen. Somit hat das Problem der Spinnbadzusätze eine hervorragende wirtschaftliche und soziale Bedeutung.

Verständlicherweise muß der Zusatz der chemischen Hilfsmittel dosiert vorgenommen werden. Für die praktische Durchführung dieser Maßnahme ist eine geeignete technische Einrichtung erforderlich. Bei dem Entwurf einer solchen wurden die Vorteile des Kreislaufbetriebes für die Konstanthaltung der Wasserverhältnisse in den Spinnkästen der Maschinen erkannt. Unter Ausnutzung eines Zuschusses des Bundesministeriums für Wirtschaft wurde eine nach diesem Prinzip aufgebaute Anlage zur Erprobung der Wirkung chemischer Zusätze und der Vorteile einer gemeinschaftlichen Wasserversorgung im praktischen Betrieb errichtet. Sie befindet sich im Betrieb der Flachsspinnerei Vorwärts, Brackwede/Westf., versorgt 7 Spinnmaschinen mit insgesamt ca. 1400 Spindeln und ist für den Anschluß von 14 Maschinen ausbaufähig.

II. Anlage für zentrale Spinnwasserversorgung

Die Anlage für die zentrale Spinnwasserversorgung besteht aus einem hoch- und einem tiefgesetzten Flottenbehälter, zwischen denen das Spinnwasser umläuft, indem es von dem Hochbehälter durch natürliches Gefälle zu den Wasserkästen der Maschinen gelangt, von dort über Überläufe in einer Sammelleitung zum Tiefbehälter fließt und von diesem aus in den Hochbehälter gepumpt wird. Ein drittes kleineres Becken ist als Ansatzbehälter für das zuzusetzende chemische Hilfsmittel vorgesehen. Der Ersatz für den Wasserverbrauch erfolgt aus der Betriebswasserleitung über eine Kolbenpumpe, die durch einen Schwimmerschalter im Tiefbehälter gesteuert wird. Eine zweite, in ihrem Liefervolumen entsprechend bemessene Kolbenpumpe entnimmt dem

Ansatzbehälter die konzentrierte Lösung des Hilfsmittels und setzt sie in dem festgelegten Verhältnis dem Ergänzungswasser zu. Die Aufheizung der Flotte erfolgt im Hoch- und im Tiefbehälter durch Rohrschlangen, deren Dampfversorgung über ein Regelventil erfolgt, das von einem Temperaturfühler gesteuert wird. In dem Tiefbehälter ist eine Siebanlage für die Reinigung des Wassers eingebaut.

Mit den Entwurfsarbeiten für die Anlage und mit der Ausführung der Pumpen- und Rohrleitungsmontagen wurde die Firma Theodor Jaeggle, Maschinenbau, Bisingen/Hohenzollern, betraut, die uns in dankenswerter Weise in jeder Beziehung unterstützt hat.

In der Abbildung 1 ist die Anlage in ihren wesentlichen Einzelheiten dargestellt. Dem gegebenen dreistöckigen Aufbau der Spinnerei Vorwärts, Brackwede, entsprechend befindet sich der Tiefbehälter 1, dem das von den Spinnmaschinen kommende Spinnwasser innerhalb des Kreislaufes zufließt, im Erdgeschoß der Spinnerei, während der Naßspinnsaal mit den Maschinen im I. Obergeschoß liegt und der Hochbehälter 31 im II. Obergeschoß aufgestellt ist. Bei anderer Bauweise, z.B. Flachbau, sind die Becken so anzuordnen, daß ein ausreichendes Gefälle für den Kreislauf gegeben ist.

Das Tiefbecken ist in drei Abteilungen unterteilt, um die Reinigung der Flotte nach dem Dreikammersystem zu erreichen. Dem durch eine eingebaute Spundwand abgetrennten Teil a des Behälters fließt die rücklaufende Flotte zu und wird durch die Spundwand gezwungen, am Boden des Behälters in den Hauptteil b einzuströmen, wobei sich durch den größeren Durchflußquerschnitt eine Verringerung der Strömungsgeschwindigkeit und damit die Möglichkeit des Ausscheidens der Sinkstoffe ergibt. In dem Hauptteil b steigt das Wasser in die Höhe und fließt durch ein feines Doppelsieb 8 dem Teil c des Tiefbehälters gereinigt zu. Durch die Kreiselpumpe 9 wird das Spinnwasser, das von der Heizbatterie 13 vorgewärmt ist, durch die perforierte Ansaugleitung 4 und die Druckleitung 5 in den Hochbehälter gehoben.

Der Hochbehälter 31 hat ebenfalls zwei durch eine Spundwand voneinander getrennte Abteilungen. In den engeren Teil a tritt das Druckwasser von unten her ein und wird in ihm auf die am Thermostaten 35 eingestellte Temperatur gebracht. Das Spinnwasser gelangt in den Hauptteil b des Hochbehälters, der mit einem Motorrührwerk 32 zur Durchmischung der Flotte mit dem Ziel gleichmäßiger Temperaturverteilung versehen ist. Von dem Behälter b

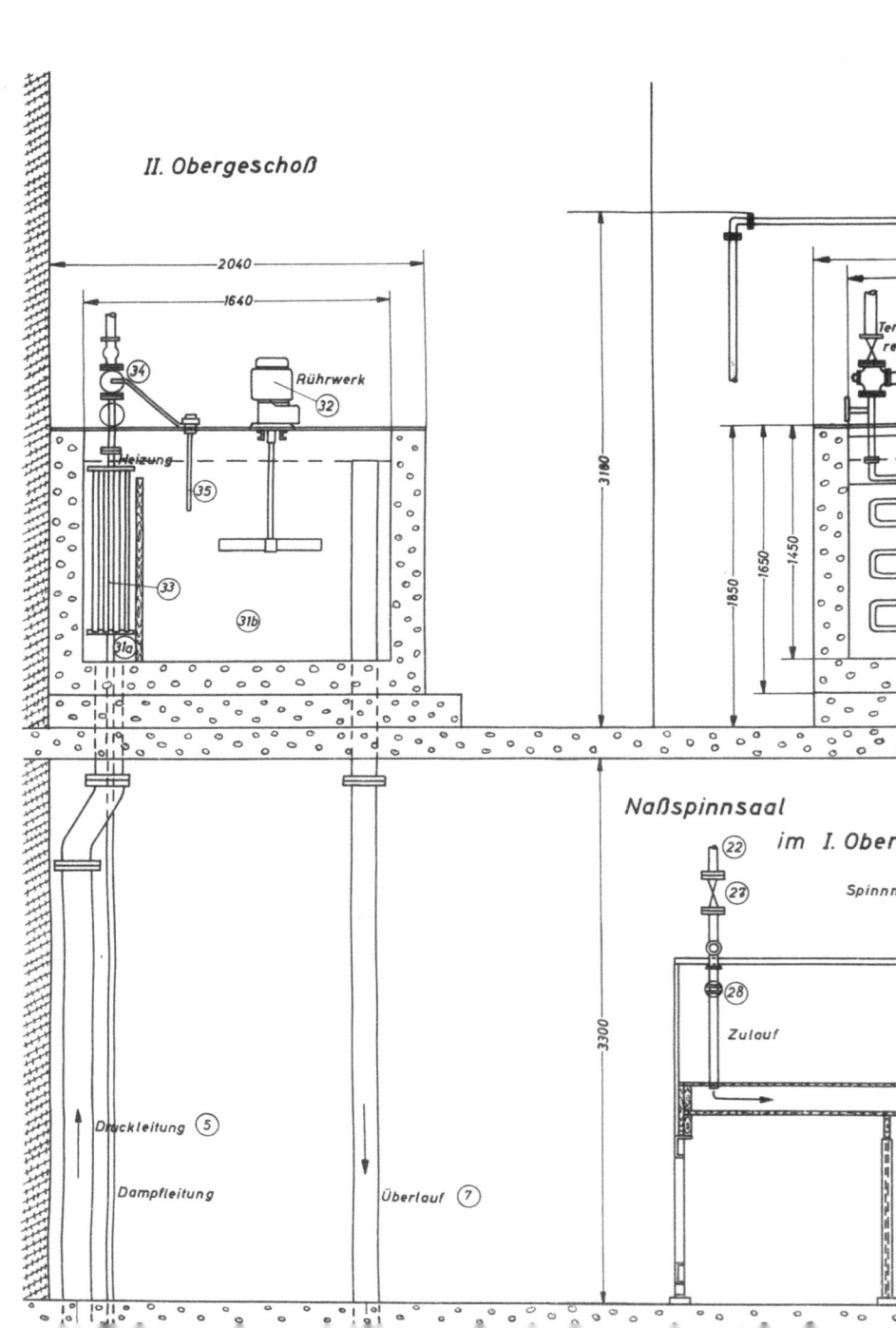

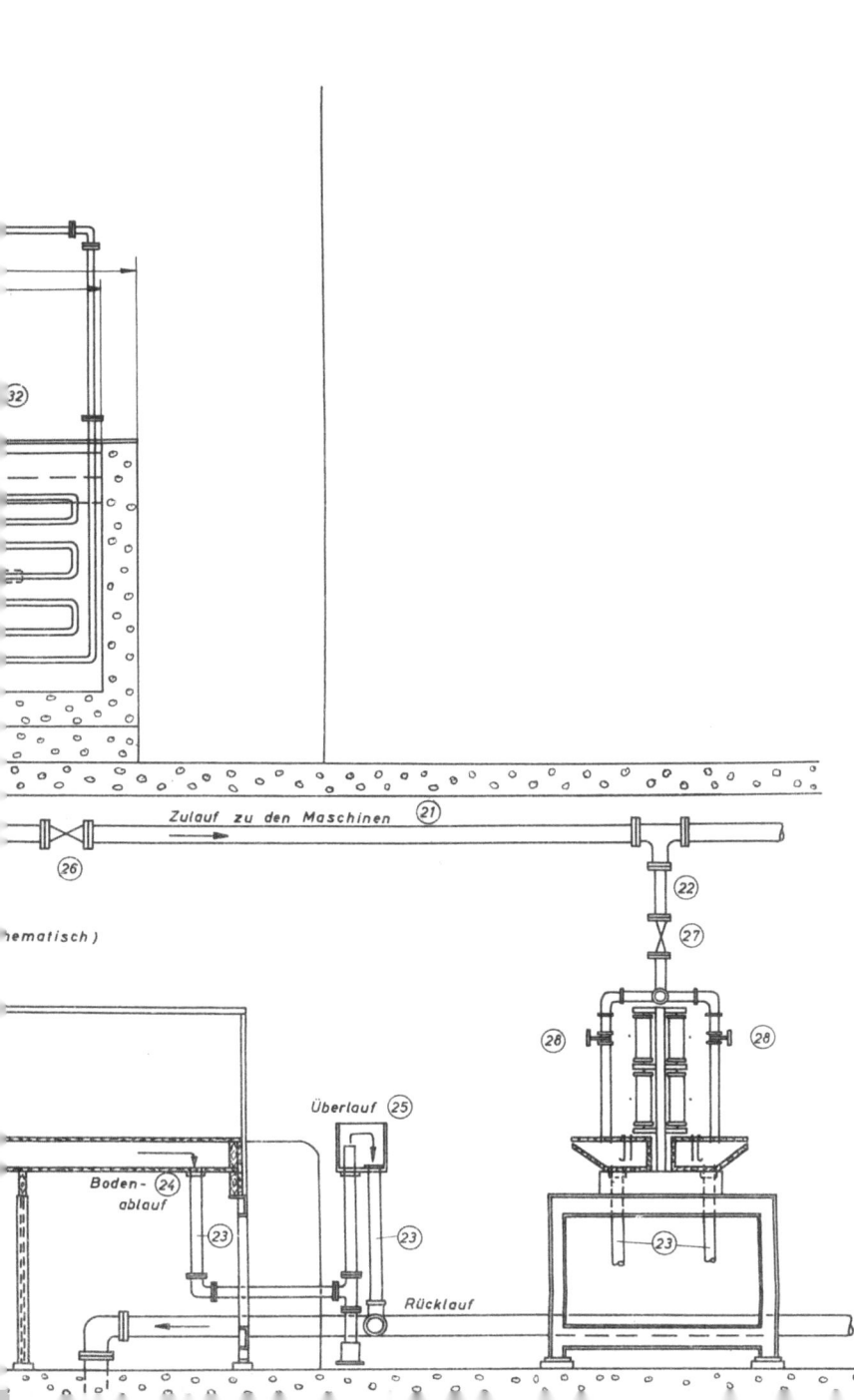

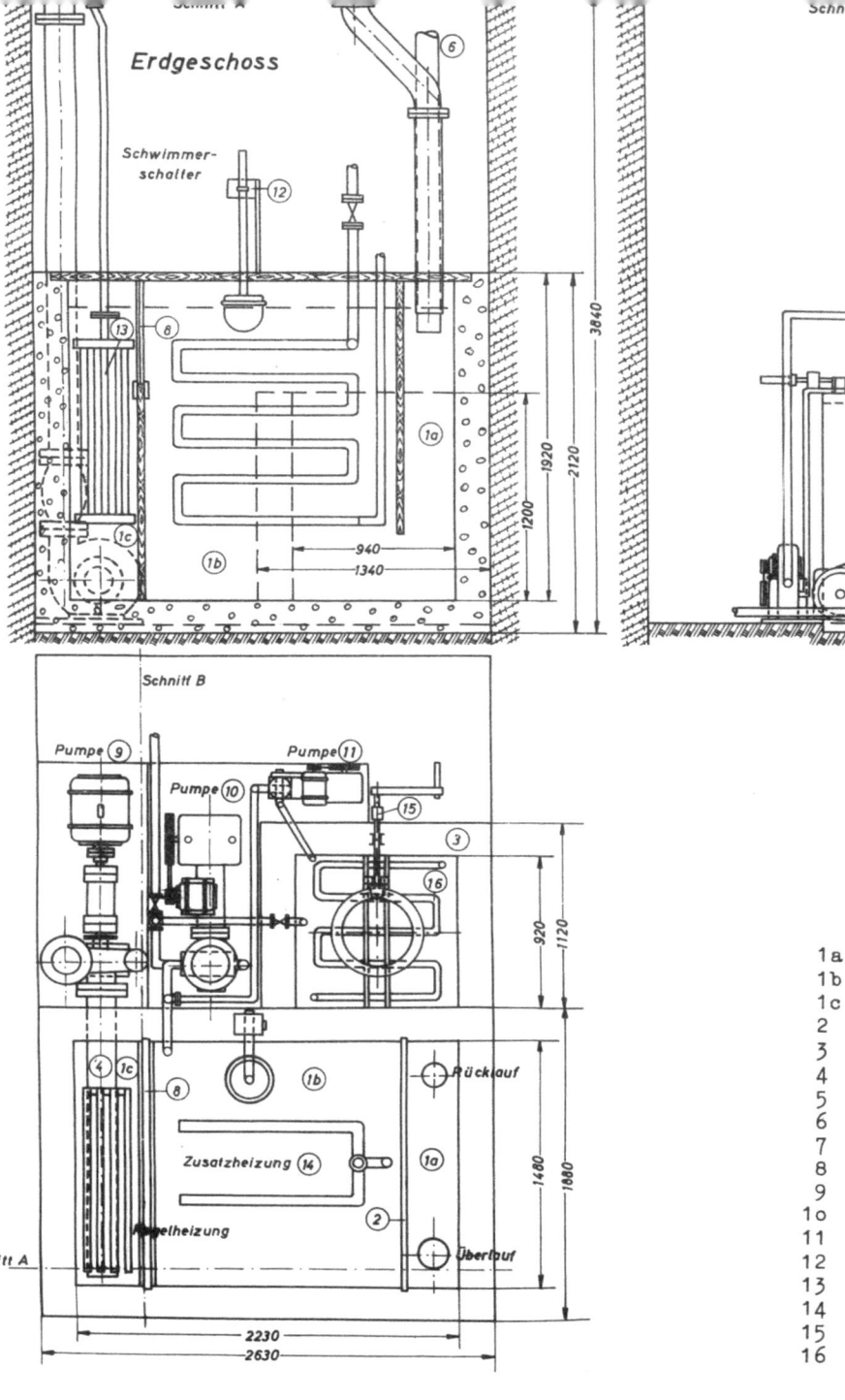

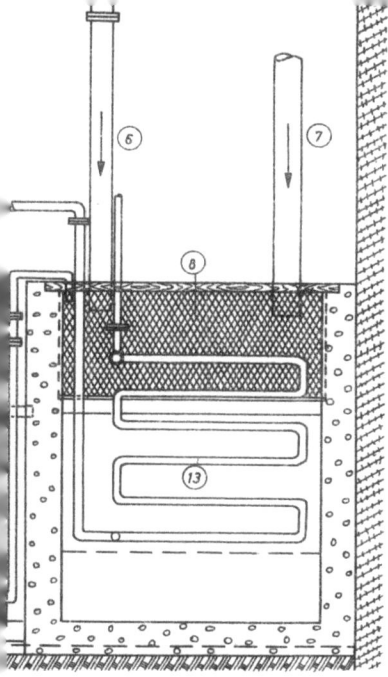

Abbildung 1

trale Spinnwasserversorgungs-Anlage

hoß		I. Obergeschoß		II. Obergeschoß
	21	Zulaufleitung	31a	
er	22	Verteilungsleitungen	31b	Hochbehälter
	23	Ablaufleitungen	32	Motorrührwerk
	24	Bodenöffnungen	33	Heizbatterie
en	25	Überläufe	34	Dampfregelventil
ung	26	Absperrschieber	35	Temperaturfühler
ng	27	Ventile		
itung	28	Regulierhähne		
erlauf				

pe
erpumpe
e
chalter
ie
batterie
rk
ge

führt die Zulaufleitung 21 zu den Spinnmaschinen. Außerdem ist ein Behälterüberlauf 7 vorhanden, der überschüssige Flotte vom Hochbehälter in das Tiefbecken ablaufen läßt.

Über die Zulaufleitung 21 und die Verteilungsleitungen 22 gelangt das Spinnwasser mit der festgelegten Temperatur zu den Wasserkästen der Spinnmaschinen und durchströmt sie in Längsrichtung. Der Ablauf geht durch Bodenöffnungen 24 unter Zwischenschaltung der Überläufe 25, auf deren Zweck noch einzugehen sein wird, in die Ablaufleitungen 23 und durch die Rücklaufleitung 6 in den Teil a des Tiefbeckens 1 vonstatten.

Das ebenfalls beheizte Ansatzbecken 3 ist neben dem Tiefbehälter im Erdgeschoß errichtet. Es ist mit einem Handrührwerk 15 ausgestattet, das zum Verrühren des zuzusetzenden Hilfsmittels dient. Der Zusatz der konzentriert angesetzten Lösung des chemischen Hilfsmittels in den Wasserkreislauf erfolgt mittels Kolbenpumpe 11 in den Hauptteil b des Tiefbeckens. Diese Pumpe 11 wird gemeinsam mit der Frischwasserpumpe 1o über den Schwimmerschalter 12 im Tiefbehälter gesteuert. Die Pumpen laufen an, wenn der Wasserspiegel im Becken 1 unter ein bestimmtes Maß absinkt, und sorgen somit für den Ersatz des von dem Vorgarn entnommenen oder durch Verdunstung verloren gegangenen Wassers. Die beiden Pumpen 1o und 11 sind in ihren Leistungen derart abgestuft, daß die zusätzliche Flotte mit dem zugesetzten chemischen Hilfsmittel in der festgelegten Dosierung dem Kreislauf zufließt. Diese Konzentration der Flotte ist eine relativ geringe; es ist mit einer Größenordnung von 1 - 3 g des Zusatzmittels je Liter Wasser zu rechnen. Die Pumpen 1o und 11 sind für ein Lieferverhältnis 25:1 ausgelegt. Dementsprechend muß die Konzentration des Ansatzes im Ansatzbehälter angenähert 25 - 75 g je Liter betragen.

Die Erwärmung der Flotte ist auf die Hauptbecken 1 und 31 verteilt. Im Teil c des Tiefbeckens sorgt die Heizbatterie 13 für eine Aufheizung des abgekühlt zurückfließenden Spinnwassers. Die weitere Erwärmung erfolgt durch die Batterie 33 im oberen Becken auf eine Höhe, die unter Berücksichtigung der Wärmeverluste in den Zulaufleitungen der für das Spinnen, also in den Wasserkästen der Spinnmaschinen benötigten Temperatur entspricht. Beide Batterien 13 und 33 sind dampfbeheizt und werden über ein selbsttätiges Regelventil 34 gespeist. Das Ventil wird durch einen einstellbaren Temperaturfühler 35 gesteuert. Es erwies sich als vorteilhaft, zusätzlich auch in den Hauptteil b des Tiefbeckens eine zusätzliche Heizschlange 14 zu legen, welche, von Hand bedient, nach Bedarf für eine Vorwärmung der Flotte sorgt. Im Ansatzbecken 3 befindet sich eine Heizschlange 16 für das Anwärmen des Wassers zum leichteren Auflösen der Zusatzmittel.

Bei einer - angenommen - erforderlichen Durchschnittstemperatur des Wassers im Kasten der Spinnmaschine von 65 °C ist eine Temperatur der Flotte im oberen Behälter von 73 °C erforderlich. In der errichteten Anlage, die über keine Isolierung der Zulaufleitungen verfügt, hat sich der Temperaturabfall mit 6 °C ergeben. Die Flotte tritt also mit 67 °C in die Wasserkästen ein und durchfließt sie - wie bereits erwähnt und aus Gründen, die noch zu erläutern sind - in Längsrichtung. Dabei ergibt sich ein gewisses Temperaturgefälle, das mit angenähert 4 °C anzusetzen ist. Mit einer Temperatur von 63° verläßt die Flotte unter den angenommenen Verhältnissen die Wasserkästen und ist beim Zulauf in das Tiefbecken durch ebenfalls nicht isolierte Abflußleitungen auf rd. 55 °C abgekühlt. Die Heizungen in den beiden Becken wärmen dann die Flotte wiederum bis 73 °C auf. Diese Temperaturverhältnisse variieren selbstverständlich mit der Zirkulationsgeschwindigkeit und der technischen Ausführung der Anlage (Isolation der Zu- und Rückführleitungen), sowie mit der absoluten Höhe der geforderten Spinnbadtemperatur. Sie werden sich gegebenenfalls auch jahreszeitlich bedingt verändern. Die selbsttätige Steuerung durch den einstellbaren Temperaturfühler gibt aber ausreichende Möglichkeiten, den Ausgleich durch Veränderung der Flottentemperatur im Hochbehälter herbeizuführen.

Es wurde bereits erwähnt, daß die Flotte durch die Spinnkästen in Längsrichtung strömt. Diese Führung erwies sich im Hinblick auf die notwendige Strömungsgeschwindigkeit innerhalb des Wasserkastens als zweckmäßig. Die ursprüngliche Planung sah eine Zirkulationsgeschwindigkeit der Flotte lediglich vom Standpunkt der Temperaturhaltung des Spinnwassers bei entsprechender Übertemperatur des Zulaufs vor. Bei 65 °C Spinntemperatur und einer Wassertemperatur von 90 °C im oberen Behälter war demnach ein einmaliger vollständiger Wasserwechsel in den Kästen innerhalb 1 1/2 Stunden erforderlich. Vorversuche hatten jedoch ergeben, daß mit einer Zirkulationsgeschwindigkeit, die in ihrer Höhe nur nach erforderlicher Wärmehaltung bemessen wird, kein Auskommen gefunden werden kann. Ein zusätzlicher Gesichtspunkt für den Betrieb mit umlaufendem Spinnwasser war das Bestreben, die Reinhaltung der Wasserkästen von Faser- und Schlammablagerungen zu verbessern. Es erwies sich, daß dieses Ziel nicht erreicht wird, wenn die

Wassergeschwindigkeit in den Wasserkästen nicht eine gewisse Höhe erreicht. Der Wasserwechsel in den Spinnkästen mußte bei der praktischen Anlage gegenüber der Planung wesentlich erhöht werden, und zwar auf 3,5-fach je Stunde. Hierbei war zunächst ein Durchlauf quer zur Längsrichtung des Wasserkastens vorgesehen, wobei das Spinnwasser durch ein perforiertes, am Trogboden befindliches und über die ganze Länge der Maschine reichendes Rohr zugeführt und über mehrere in Längsrichtung verteilte Überläufe abgeleitet werden sollte. Der dadurch bedingte große Durchlaufquerschnitt ergab jedoch selbst bei dem bereits hoch angesetzten stündlichen Wasserwechsel eine nicht ausreichende Strömungsgeschwindigkeit. Als Endlösung mußte der Wasserdurchlauf in Längsrichtung der Kästen gewählt werden, wobei die dadurch erreichte Verringerung des Durchlaufquerschnittes die angestrebte Steigerung der Flottengeschwindigkeit mit sich brachte. Wie in Abbildung 1 gezeigt, befindet sich der Zulauf an einem Ende, der Ablauf an dem anderen Ende der Wasserkasten.

Unter diesen Verhältnissen, also für den 3,5-fachen Wasserwechsel je Stunde war für die Einhaltung einer Spinntemperatur von durchschnittlich 65 °C die Einregelung der Flottentemperatur im Hochbehälter auf 73 °C - wie bereits auf Seite 9 dargestellt wurde - erforderlich.

War ursprünglich der Ablauf des Spinnwassers über ein einfaches Standrohr als Überlauf im Wasserkasten vorgesehen, so erwies es sich als zweckmäßig, den Abfluß unmittelbar in den Boden des Wasserkastens zu verlegen, um die Verunreinigungen beim Ablauf nicht auf die Höhe des Wasserspiegels heben zu müssen. Diese Anordnung erforderte allerdings eine Überlaufeinrichtung außerhalb der Maschine. In der Abbildung 1 ist der Bodenablauf mit 24, der Überlauf mit 25 bezeichnet.

Der Vollständigkeit halber seien noch folgende Einzelheiten der aufgebauten Anlage erwähnt. In der Zulaufleitung 21 zu den Maschinen ist unmittelbar unter dem Hochbehälter ein Absperrschieber 26 vorgesehen, um den Umlauf innerhalb der Gesamtanlage abstellen zu können. Das Überlaufrohr 7 ist derart dimensioniert, daß es bei abgestellter Zirkulation und laufender Pumpe 9 einen Kreislauf innerhalb der Behälter ermöglicht. Vor den einzelnen Maschinen sitzen in den Zulaufleitungen Ventile 27 und schließlich in den Verteilungsleitungen zu den Kästen Regulierhähne 28. In den Zulaufleitungen zur Frischwasserpumpe 1o und zum Ansatzbehälter 3 sind Absperrventile (in der Abb. nicht näher bezeichnet) eingebaut. Das Tiefbecken 1 hat ein Bodenventil zum Entleeren und Entschlammen (nicht eingezeichnet). Die Entleerung des oberen Behälters kann durch einen Bodenablauf in das Überlaufrohr und damit in das Tiefbecken erfolgen. Die Dampfschlangen der Heizbatterien führen zu Kondenstöpfen, die in die Abbildung nicht aufgenommen wurden.

Wie bereits angegeben, ist das Fassungsvermögen der Behälter und die Pumpenleistung für 14 Spinnmaschinen, d.h. für 28 Spinnkästen ausgelegt. Der Tiefbehälter 1, der als Absetz- und Filterbassin gilt, hat ein Fassungsvermögen von 6 cbm, der Oberbehälter ein solches von 3 cbm. Der Inhalt des Ansatzbecken beträgt 1 cbm. Die Ausführung wurde in eisenarmiertem Beton vorgenommen. Es sei an dieser Stelle erwähnt, daß das Abdichten derartiger Behälter bei Berücksichtigung der in Frage kommenden Temperaturen eine ausreichende Erfahrung der ausführenden Baufirmen verlangt.

Die Rohrleitungen wurden bei der Versuchsanlage aus verzinktem Eisenrohr ausgeführt, nachdem pH-Messungen des Spinnwassers Werte um den Neutralpunkt ergeben hatten.

Die Leistung der Umlaufpumpe 9 beträgt 8 l/s. Der Wasserverbrauch wurde bei der Projektierung der Anlage mit 500 % der gesponnenen Garnmenge angesetzt. Diese Wasserentnahme (einschließlich Verdunstung) ist durch Versuche ermittelt worden und hat sich in der Praxis bestätigt. Die Frischwasserpumpe 1o wurde dementsprechend mit einer Leistung von 12o l/min, die Dosierpumpe mit 4,8 l/min (Verhältnis 25:1) vorgesehen. Diese Pumpenleistungen gestatten, den stündlichen Flottenverlust in 1o min zu ersetzen.

III. Überprüfung der Anlage

Die vorbeschriebene Anlage wurde im Jahre 1954 errichtet und nach zahlreichen Voruntersuchungen in Betrieb genommen. Nach Ausmerzung verschiedener Unzulänglichkeiten wurde mit dem Versuchsbetrieb und den vergleichenden Beobachtungen der angeschlossenen Maschinen begonnen. Die zunächst vorgenommenen Versuche galten der Temperaturhaltung und dem Umfang des erforderlichen Wasserwechsels.

1. Temperaturhaltung

Eines der Ziele bei der Errichtung der Wasserversorgungsanlage war, das eigenmächtige Regeln der Spinnbadtemperatur zu verhindern, das insbesondere dann unangenehm wird, wenn sich die Bedienung an hohe Wassertemperaturen gewöhnt hat und deshalb an sich bereits ungünstige Verhältnisse im Spinnsaal herrschen. Die Macht der Gewohnheit sollte nicht der ausschlaggebende Faktor für die Bemessung der Arbeitsbedingungen sein. Unseres Erachtens ist die Behauptung eines besseren Spinnens bei besonders hohen Temperaturen in Normalfällen objektiv nicht zu belegen. Aber gerade dort, wo ein hohes Temperaturniveau verlangt wird, ist die Einhaltung konstanter Werte und deshalb eine Regelung außerhalb des Bereiches der subjektiven Eingriffsmöglichkeit von besonderem Wert.

Ein anderer Gesichtspunkt ist der, daß die chemischen Hilfsmittel, deren Einsatz die zentrale Wasserversorgungsanlage mit zu dienen hat, eine Herabsetzung der Spinnbadtemperaturen erlauben sollen, was besonders jenen Betrieben zugute kommt, die mit hohen Temperaturen zu arbeiten gewohnt sind.

Für die Versuche, welche der Überprüfung der Temperaturkonstanz bei den durch die zentrale Anlage versorgten Maschinen galten, wurde die Temperatur im Hochbehälter durch entsprechende Einstellung des Temperaturfühlers für das Dampfventil auf 82 °C eingeregelt. Bei einem festgestellten Abfall von etwa 7 °C in den Zulauf- und Verteilungsleitungen ergab sich die Zulauftemperatur in den Wasserkästen mit 75 °C. Der Temperaturabfall in dem längs durchströmten Wasserkasten bewegt sich im Durchschnitt bei 5 °C, so daß die Versuchsmaschinen eine mittlere Wassertemperatur von 72 °C aufwiesen, worin bereits eine Konzession an die in dem Versuchsnaßspinnsaal übliche hohe Spinnbadtemperatur gegeben war. – Normalerweise sollte über eine Mitteltemperatur von 65 °C nicht hinausgegangen werden.

Für die Beobachtungen wurde eine Auswahl von Maschinen herangezogen, denen jeweils gleiches Vorgarn verspinnende und normal betriebene Maschinen gegenübergestellt werden konnten. Sie seien nachstehend mit ihren Maschinennummern angeführt, um eine leichtere Beschreibung der Ergebnisse zu ermöglichen. Zudem enthält die Tabelle die Bezeichnung der z.Zt. der Beobachtungen auf den Maschinen gesponnenen Garne.

	Wasserversorgung	
	zentral	normal
Flachsgarn Nm 24 Ia mech. Kette	Masch.-Nr. 14	Masch.-Nr. 8
Flachsgarn Nm 18 Ia mech. Kette	" " 12	" " 11

	Wasserversorgung	
	zentral	normal
Werggarn Nm 10 Ia Schuß	Masch.-Nr. 16	Masch.-Nr. 30
Werggarn Nm 6 Ia mech. Kette	" " 18	" " 19

Tabelle 1 enthält die an drei aufeinanderfolgenden Tagen stichprobenweise gemessenen Temperaturen. Die in den Kolonnen für jede Maschinenseite (rechts und links) zuerst angegebene Zahl entspricht der Temperatur an jenem Ende der Maschine, an dem bei der zentralen Wasserversorgung (A) die Flotte zuläuft bzw. bei den Vergleichsmaschinen (B) der Eintritt des Dampfes in die Heizschlange des Wasserkastens erfolgt. Die zweite Zahl gibt die Temperatur am entgegengesetzten Ende der Maschine an, an dem also bei den Maschinen mit zentraler Wasserversorgung (A) die Flotte abläuft bzw. bei den Vergleichsmaschinen (B) die Überläufe für das Spinnwasser angeordnet sind.

Die Tabelle zeigt deutlich die Temperaturunterschiede und -schwankungen bei den normalen Maschinen, während die gemeinsam mit warmem Wasser versorgten Tröge in der Höhe der Eingangstemperaturen und im Temperaturabfall im Ganzen ein einheitliches Bild ergeben.

Eine Ausnahme macht Maschine 12, bei der die angestrebte Zulauftemperatur von 75 °C nicht erreicht wurde, sondern nur 68 - 70 °C betrug. Diese Maschine 12 steht als letzte in der Reihe der angeschlossenen Maschinen, und es zeigte sich, daß hier trotz aller Maßnahmen die Wassertemperaturen gegenüber den anderen Maschinen etwa 5 °C tiefer lagen. Es ist klar, daß durch eine Isolierung der Zulaufleitung oder ähnliche geeignete Maßnahmen dieser Schönheitsfehler beseitigt werden kann. Uns kam es nur darauf an, die Konstanz der Temperatur festzustellen, deren absolute Höhe durch Verstellung des Temperaturfühlers im Hochbehälter bzw. durch Veränderung der Wasserdurchlaufgeschwindigkeit nach beiden Seiten hin verändert werden kann.

Dort, wo in der Tabelle keine Temperaturwerte eingetragen sind, waren die Ablesungen ausgefallen, da voraufgegangene Bedienungsfehler oder willkürliche Eingriffe, beide seitens der Spinnerin (z.B. Aufdrehens der Ventile der Einzelbeheizung in den Wasserkästen) vorausgegangen waren.

Tabelle 1

Spinnbadtemperaturen in °C

Datum	A Maschine angeschlossen a.d. zentrale Spinnwasseranlage				B Vergleichsmaschine			
	rechte Seite		linke Seite		rechte Seite		linke Seite	
	1	2	1	2	1	2	1	2
	Maschine Nr. 14				Maschine Nr. 8			
25.1.			75	69	81	79	76	76
26.1.	75	74	75	7o	9o	87	82	82
27.1	75		75	7o	85	87	86	86
	Maschine Nr. 12				Maschine Nr. 11			
25.1.			69	63	74	75	7o	55
26.1.	7o	6o	68	66	66	6o	82	84
27.1.	68	6o	7o	62	78	78	8o	8o
	Maschine Nr. 16				Maschine Nr. 3o			
25.1.	74	69	75	73	78	7o	53	49
26.1.	74	69	75	71	85	89	82	72
27.1.	75	68	75	7o	75	82	85	87
	Maschine Nr. 18				Maschine Nr. 19			
25.1.	75	72	75	72	82	8o	6o	52
26.1.	75	7o	75	7o	86	82	58	56
27.1			75	72	86	8o	56	59

Wird von Maschine 12, auf deren unzulängliche Warmwasserversorgung schon hingewiesen wurde, abgesehen, so sind die Unterschiede in den Flottentemperaturen innerhalb der einzelnen Wasserkästen sehr einheitlich und mit 4 - 5 °C anzugeben, wie diese auch bei den Vorversuchen für eine Durchströmung der Wasserkästen in Längsrichtung festgestellt worden waren.

Der Temperaturabfall innerhalb der Wasserkästen erscheint tragbar, so daß der aufgrund anderer noch zu besprechender Überlegungen gewählte 3,5-fache Wasserumlauf in der Stunde auch für die Temperaturhaltung als ausreichend anzusehen war.

Forschungsberichte des Wirtschafts- und Verkehrsministeriums Nordrhein-Westfalen

Bei den Vergleichsmaschinen fällt demgegenüber eine starke und von der Willkür der Spinnerin abhängige Inkonstanz der Spinnbadtemperatur sofort ins Auge, die selbstverständlich auch zwischen den beiden Wasserkästen der Maschine nicht Halt macht. An dem Maschinenende, an dem der Dampfstrom erfolgt, schwankte die Temperatur bei den vorgenommenen Messungen zwischen 53 und 90 °C. Die Unterschiede innerhalb des Wasserkastens sind keineswegs geringer als beim Anschluß an die zentrale Wasseranlage. Sie können auch umgekehrt sein, d.h. daß sich in der Gegend des Wasserüberlaufs höhere Temperaturen einstellen als an dem Maschinenende, an dem Dampf und Wasser zuströmen. Die aufgenommenen Unterschiede bewegen sich zwischen 0 und 15 °C.

Ebenso wichtig wie die Möglichkeit einer exakten Temperaturhaltung ist die bei dem Anschluß der Maschinen an eine gemeinschaftliche Wasserversorgungsanlage gegebene Sicherheit einer stets gleichen Füllung der Wasserkästen. Auch in dieser Beziehung läßt die Aufmerksamkeit der Bedienung häufig zu wünschen übrig. Erfahrungen und Beobachtungen erlauben die Feststellung, daß auch in den bestgeleiteten Betrieben nach beiden Richtungen hin eine selbsttätige Kontrolle, wie sie bei einer zentralen Wasserversorgungsanlage zwangsläufig geboten wird, wünschenswert ist. Gewiß lassen sich durch Anbringung von Temperaturfühlern und Schwimmerregulierungen in den Wasserkästen beachtliche Verbesserungen schaffen. Verglichen mit den diesbezüglichen von der zentralen Wasserversorgung gebotenen Sicherheiten sind dies jedoch nur halbe Lösungen, die zudem in den meisten Fällen leider den Beanspruchungen des Naßspinnbetriebes nicht standhalten.

Selbstverständlich bedarf auch die zentrale Wasserversorgungsanlage einer Kontrolle, die sich auf die Überwachung der Zuläufe und Abläufe in der Maschine und die Reinigung der Siebanlage im Tiefbehälter erstreckt.

2. Zustand des Wassers in den Spinntrögen

Bei der Planung der gemeinschaftlichen Wasserversorgungsanlage schwebte weiter - wie bereits erwähnt - der Gedanke einer besseren Freihaltung der Wasserkästen von Faser- und Schlammablagerungen vor. In dieser Beziehung brachten Vorversuche nicht nur eine Enttäuschung, sondern ließen gewisse Schwierigkeiten in Erscheinung treten. Es ergab sich nämlich, daß der ursprünglich vorgesehene relativ geringe Zusatz heißen Wassers und die durch ihn hervorgerufene Wasserströmung in Bezug auf die Abführung der Sinkstoffe und Fasern nicht gleich wirksam war, wie die nunmehr gestörte und von dem durchlaufenden Vorgarn verursachte Wasserbewegung im Kasten. Die ständige Erneuerung bewirkte zwar ein klares Wasser im Trog, ergab abe wider Erwarten stärkere Ablagerungen und vor allem Bildung auf der Wasseroberfläche schwimmender Faserinseln, umsomehr, als die aufwühlende Wirkung des bei direkter Beheizung einströmenden Dampfes auf die Sink- und Faserstoffe ausbleibt. Es bestand die berechtigte Gefahr, daß Faserinseln hin und wieder von dem Vorgarn mitgenommen und zur Ursache dicker Fadenstellen würden.

Zweifellos läßt sich darüber streiten, ob es zweckmäßiger ist zuzulassen, daß die Verunreinigungen laufend, wenn auch gleichmäßig von dem Vorgarn mitgenommen werden, oder eher darauf zu achten, daß bei einem im ganzen sauberen Garn einzelne vorkommende Batzen bei der Kontrolle ausgeschieden werden. Wir hatten uns der bisherigen Spinnereipraxis diesbezüglich anzupassen, und es blieb deshalb nur der Ausweg höherer Strömungsgeschwindigkeiten im Wasserkasten, wobei der Wechsel auf 3 - 4-fache je Stunde gesteigert und zudem die bereits erwähnte Maßnahme getroffen wurde, daß die Flotte die Wasserkästen in Längsrichtung durchströmte. Planung und Ausführung der Anlage wurden nach diesen Ergebnissen der Vorversuche vorgenommen.

Die Beobachtungen des Wassers und der Wasserkästen an den auf Seite angegebenen teils normal betriebenen, teils angeschlossenen Maschinen erstreckten sich über einen Zeitraum von 14 Tagen und umfaßten folgende Erscheinungen:

  a) Wasserfarbe und Trübung
  b) Ablagerung am Boden der Wasserkästen
  c) Schwimmende Faserteile (Faserinseln)
  d) Hautbildung und Schleimbildung
  e) Faserlagerungen, besonders an der Troglippe.

Die Beurteilung der genannten Positionen a - e erfolgte an jedem Beobachtungstag durch Verleihung einer Punktzahl, wobei die Zahl 1 "einwandfrei" und die Zahl 4 "unzuträglich" bedeuten, während die Zahlen 2 und 3 als Zwischenstufen anzusehen sind. Hierbei wurde die Auswirkung der angeführten Mängel berücksichtigt. Es wird z.B. ein ruhender Bodensatz wenig Anlaß zu Beanstandungen, d.h. zur Bildung von Verdickungen im Garn geben, solange er nicht derartig hoch liegt, daß er vom durchlaufenden Vorgarn erfaßt wird; dagegen bilden schwimmende Faserinseln eine größere Gefahrenquelle für solche Verdickungen im Garn. Deshalb wurden auch geringfügige Ausbildungen von Faserinseln schärfer beurteilt als die Ansammlung von Ausfallstoffen am Boden der Wasserkästen. Eine Bewertung, die nach diesen Gesichtspunkten erfolgt, berechtigt zu direktem Vergleich der Summe aller Beobachtungspunkte, wie sie für jeden Wasserkasten festgelegt worden sind. Es kann also diese Summenzahl als Vergleichswert für den Zustand des Wassers im Wasserkasten herangezogen werden.

In der Tabelle 2 sind zunächst für Positionen a - e die Summen der Bewertungen von insgesamt 9 Beobachtungen aus 14 Arbeitstagen eingetragen. Eine Zahl 9 bedeutet also z.B., daß an allen Tagen der Zustand jeweils mit einer 1 zu bewerten, d.h. einwandfrei war. Die jeweils höhere Zahl bedeutet ein schlechteres Urteil. Darüber hinaus enthält die Tabelle für die gesamte Maschine die Summe (S) der Bewertungen a - e über die gesamte Beobachtungszeit. Aus der Tabelle ist die Veränderung der Wertzahlen mit fortschreitender Beobachtungszeit nicht zu ersehen. Festgestellt sei, daß selbstverständlich ein Ansteigen der Zensurzahlen eintrat, bis auf einzelne Positionen der Bewertung, die über die gesamte Beobachtungszeit unverändert einwandfrei blieben.

Werden für die Gesamtbewertung die Summenzahlen aus der Tabelle 2 herangezogen, so kann in der weitaus überwiegenden Zahl der Fälle auf einen besseren Zustand des Spinnbades bei den zentral versorgten Maschinen geschlossen werden. Der Unterschied ist z.T. erheblich.

Über die einzelnen Positionen ist folgendes zu sagen:

Die Wasserfarbe und Trübung (Pos. a) sind bei den zentral versorgten Maschinen einwandfrei und in allen Fällen günstiger zu beurteilen.

Demgegenüber ist die Ablagerung am Boden der Wasserkästen (Pos. b) bei den normal beheizten Maschinen geringer. Worauf diese Erscheinung zurückzuführen ist, konnte bisher nicht einwandfrei geklärt werden. Wenn auch nicht außer acht gelassen werden kann, daß gewisse Einzelerscheinungen bei den Trögen (Beschaffenheit der Wandungen, das Gefälle im Wasserkasten etc.) eine Rolle spielen und das Ergebnis gegebenenfalls beeinflussen, so ergab sich im Durchschnitt der Beobachtungen doch ein stärkeres Absetzen von Schlamm und Faserteilchen am Boden der zentral versorgten Tröge. Möglicherweise sind gewisse Unterschiede in den Strömungsverhältnissen die Ursache für das geschilderte Beobachtungsergebnis.

Was die gefährlicheren schwimmenden Faserteile (Pos. c) betrifft, so kann festgestellt werden, daß die Beobachtungen zum Vorteil der zentral versorgten

Tabelle 2

Zustand des Wassers und der Wasserkästen

Garn Masch. Nr.		rechte Maschinenseite					linke Maschinenseite					S
		a	b	c	d	e	a	b	c	d	e	
Flachs	14 zentral	10,5	18,5	9,5	10,0	11,0	10,0	18,0	10,5	10,0	11,0	119,0
	8 normal	14,5	11,0	10,5	19,0	12,0	14,5	12,5	11,0	22,0	12,0	139,0
Flachs	12 zentral	11,0	20,0	9,5	9,0	13,0	9,5	21,5	9,0	9,0	11,0	122,5
	11 normal	12,5	15,5	11,0	11,0	10,0	14,0	13,5	10,5	11,5	11,0	120,5
Werg	16 zentral	11,0	24,0	9,0	9,0	16,0	10,5	21,5	12,5	9,0	15,0	137,5
	30 normal	16,0	16,0	12,0	13,5	13,5	14,5	17,5	17,0	21,0	15,5	156,5
Werg	18 zentral	13,0	24,5	9,0	9,0	12,0	11,0	23,0	9,5	9,0	14,0	146,0
	19 normal	14,0	21,5	11,5	9,0	14,5	14,5	24,5	15,0	10,5	16,5	151,5

Wergmaschinen in Doppelschicht, von den Flachsmaschinen nur Maschine 12 in Doppelschicht

Maschinen ausgefallen sind. In allen Fällen erhielten deren Kästen die besseren Noten, unter denen sich häufig die Bestsummenwerte 9 befinden. Der ausreichend hoch gewählte Wasserwechsel hat die diesbezüglich bei den Vorversuchen aufgetretene Befürchtung, über die bereits gesprochen wurde, beseitigt.

Hinsichtlich der Haut- und Schleimbildung (Pos. d) schneiden die zentral versorgten Maschinen gegenüber den Vergleichsmaschinen ebenfalls vorteilhaft ab. Bestwerte von 9 treten besonders häufig auf. Dieses Ergebnis ist beeinflußt durch den Zusatz eines bakteriziden Mittels zum Zirkulationswasser der zentralen Anlage.

Faserablagerungen im Hinblick auf die Frage e waren unterschiedlich zu bewerten; in zwei Fällen ergab sich ein Nachteil der zentral versorgten Maschinen, während in sechs Fällen die Vergleichsmaschinen schlechter abschnitten. Somit hat sich auch in dieser Beziehung ein Vorteil für die an die Anlage angeschlossenen Maschinen herausgestellt.

Bei Beurteilung der Vergleichszahlen in Tabelle 2 ist noch ein unbeabsichtigt eingetretener Umstand bei Maschine 19 zu beachten. Die beiden Wasserkästen dieser Maschine sind während der Beobachtungszeit entgegen einer erlassenen Anordnung gesäubert worden, weil sie starke Verschmutzungen aufwiesen. Dieser Zwischenfall ist in der Zusammenstellung der Punktzahlen nicht berücksichtigt. Dementsprechend müßte der Vergleich noch mehr zugunsten der zentral versorgten Maschine 18 ausfallen.

Im Zusammenhang mit der durchgeführten Beobachtung der Ablagerung der Faser- und Schlammreste am Boden der Wasserkästen und der Feststellung, daß diese bei den an die Anlage angeschlossenen Maschinen stärker hervortreten (Pos. 3 der gemäß Tab. 2 durchgeführten Bewertung) wurden die Rückstände auch noch gewichtsmäßig nach 20 - 22 Tagen Laufzeit der Maschinen erfaßt. Dies geschah, indem nach Ablauf der Beobachtungszeit die Wasserkästen durch ein Heberrohr entleert wurden. Die im Wasserkasten verbliebenen Schlammteile und Faserreste wurden vorsichtig von Hand gesammelt, im Abfalltrockner getrocknet und anschließend bis auf absolutes Trockengewicht in einer Konditionieranlage getrocknet. Als Vergleichsmaschinen dienten wiederum die in der Aufstellung auf Seite 14 angegebenen.

Die erhaltenen Trockengewichte ergaben sich wie folgt:
Bei Flachsgarn Nm 24 18,5 bzw. 75,6 g, bei Flachsgarn Nm 18 7,0 bzw. 121,6 g,

bei Werggarn Nm 10 80,6 bzw. 109,5 g, bei Werggarn Nm 6 118,5 bzw. 120,4 g. An erster Stelle sind immer die bei den normal versorgten Maschinen, an letzter Stelle die bei den an die Anlage angeschlossenen Maschinen erhaltenen Gewichte der Wasserkästenrückstände angeführt.

Es ergibt sich somit, daß der Rückstand bei den gemeinschaftlich versorgten Maschinen in allen Fällen größer ist, während aber diese Unterschiede bei Werggarn eine Größenordnung haben, die annehmbar erscheint und fast noch innerhalb der Streuung liegend anerkannt werden kann, sind die bei den Flachsgarnen festgestellten Differenzen so erheblich, daß sie einer Nachprüfung unterzogen werden mußten. Es bestand die berechtigte Vermutung, daß bei der angewandten Methode für die Entnahme des Schlammes bei den absolut gesehenen geringen Mengen Fehler auftreten, d.h. daß beim Ablassen durch die Heberrohre ein Teil des aufgerührten Schlammes, der den Hauptgewichtsanteil bildet, der Kontrolle entzogen wurde. Deshalb wurde der Versuch für eine Dauer von 14 Tagen mit Flachsgarn Nm 24 aus 2 verschiedenen Partien an zwei anderen vergleichbaren Maschinenpaaren wiederholt und hierbei so verfahren, daß die Rückstände beim Ablassen der Wasserkästen in einem Filtersack eingefangen wurden. Hier ergaben sich die Trockengewichte der Rückstände mit 17,7 bzw. 20,2 und 169,3 bzw. 127,9 g. Wiederum sind an erster Stelle die Zahlen für die normal, an letzter Stelle für die zentral versorgten Maschinen aufgeführt. Es ist ersichtlich, daß das Ergebnis diesmal ein anderes ist. Im ersten Fall ist praktisch kein Unterschied, im zweiten ist eine Differenz zugunsten der zentral versorgten Maschinen festzustellen. Eines aber ergibt sich sehr klar: Die Abhängigkeit der Menge der Rückstände von der Spinnpartie, d.h. von dem versponnenen Material.

Im ganzen betrachtet, bringt also die Wägung der getrockneten Rückstände aus den Wasserkästen keinen Hinweis auf den Vorteil des einen oder anderen Systems der Wasserversorgung. Die Unterschiede waren widersprechend bzw. nur gering. Es erscheint aber zweckmäßig, sich überhaupt über die Größenordnung der in Frage kommenden Gewichtsablagerungen klar zu werden. Die höchste der festgestellten Zahlen betrug 169 g in 14 Tagen. Im Verhältnis zu dem Gewicht des durchgelaufenen Vorgarns spielen derartige Mengen verteilt auf die ganze Länge des Wasserkastens eine solch geringe Rolle, daß von einer Beeinflussung des Garnäußeren durch sie nicht gesprochen werden kann. Eine Gefahr für periodisch auftretende Verdickungen im Vorgarn könnten sie zudem nur dann bilden, wenn sie von dem durchlaufenden Vorgarn hin und wieder erfaßt und in das Garn eingesponnen würden. Dies erscheint schon deshalb unmöglich, weil dieser Bodensatz größtenteils außerhalb desjenigen Raumes im Wasserkasten liegt, der von dem Vorgarn durchlaufen wird. Weiterhin ergab sich, daß selbst beim absichtlichen Aufrühren dieses Bodensatzes ein Mitnehmen nicht festzustellen war, weil die Teilchen, aus dem er sich zusammensetzt, zu kurz sind, als daß sie in Batzen an dem Vorgarn haften bleiben.

Die durchgeführten vergleichenden Beobachtungen an Maschinen, die an die zentrale Spinnwasseranlage angeschlossen sind und solchen, deren Wasserkästen normal versorgt und beheizt wurden ergab, daß die zentrale Wasserversorgung eine praktisch absolute Konstanz der Temperaturhaltung und dementsprechend sehr wesentliche Vorteile mit sich bringt. Die in den einzelnen Spinnkästen auftretenden Temperaturabfälle sind nicht größer als die in den normal beheizten Kästen herrschenden Unterschiede bei Messungen an den beiden Enden der Tröge.

Die Beobachtung der Wasserkästen über einen längeren Betriebszeitraum bei Verspinnung gleicher Vorgarne unter Berücksichtigung des Wasserzustandes, der Faser- und Schlammablagerungen sowie evtl. auftretender Faserinseln hatte zum Ergebnis, daß in der Gesamtbewertung die zentral versorgten Kästen deutlich besser abschneiden. Zu diesem Ergebnis trägt vor allem die bessere Bewertung des Wasserzustandes bei sowie die Feststellung, daß Ansätze zur Bildung von Faserinseln nur selten und in geringerer Zahl beobachtet werden konnten als bei den normal beheizten Maschinen unter gleichen Spinnbedingungen. Der nicht deutlich hervorgetretene Unterschied hinsichtlich der Faser- und Schlammablagerungen am Boden fiel demgegenüber weniger ins Gewicht, da Beobachtungen und Gewichtsfeststellungen ergaben, daß es sich dabei, verglichen mit der Menge des durchgelaufenen Vorgarns, um vernachlässigbar kleine Mengen handelt, die zudem einen Zustand aufweisen, der das befürchtete Mitnehmen von Batzen und damit das Auftreten verdickter Garnstellen nicht befürchten läßt. So weit sind also sowohl vom Standpunkt des Wassers als auch von dem der Sauberkeit der Wasserkästen dem zentralen Wasserversorgungsprinzip Vorteile zuzusprechen. Es muß aber anerkannt werden, daß das Ziel, durch den Kreislauf der Flotte vollkommene Sauberkeit der Spinntröge zu erreichen, trotz der gegenüber der Planung gesteigerten Durchlaufgeschwindigkeit nicht erreicht werden konnte. Dies fällt aber - so bedauerlich es ist - gegenüber der durch die neue Anlage erzielten Konstanz der Temperatur - und Wasserhaltung, hauptsächlich aber gegenüber der Möglichkeit des Spinnens mit chemischen Zusätzen wenig in die Waagschale.

IV. Spinnen mit chemischen Zusätzen zum Spinnbad

1. Spinnbadzusätze und deren Konzentration

In dem bereits erwähnten Bericht des TWB-Bastfaser vom 25.10.1949 sind als Ergebnis durchgeführter Versuche beim Zusatz von chemischen Hilfsmitteln zum Spinnbad erhebliche Vorteile hinsichtlich des Rückganges der Fadenbruchhäufigkeit bei gleicher Spinnbadtemperatur nachgewiesen worden. Diese Versuche waren ohne Zirkulationsanlage und mit 2 x täglich neuen Ansätzen im Wasserkasten durchgeführt worden. Hierbei waren besonders gute Erfolge bei Anwendung des Produktes Nekal A der Badischen Anilin- und Sodafabrik, Ludwigshafen, in einer Konzentration von 2 g/l Flotte und in Mischung mit einer starken Leimkomponente (1,6 g/l Leim und 0,4 g/l Nekal A) zu verzeichnen. Dieser zweite Zusatz entspricht dem damals zwischenzeitlich nicht auf dem Markt befindlichen Produkt Nekal AEM der BAST.

Bei Aufnahme unserer Spinnversuche mit chemischen Zusatzmitteln unter Ausnutzung der zentralen Wasserversorgungsanlage mußten wir feststellen, daß Schwierigkeiten auftraten, die bei den früheren Beobachtungen ohne Wasserumlauf nicht in Erscheinung getreten waren. Es stellte sich heraus, daß bei Zirkulation andere Bedingungen herrschen als bei ruhender Flotte. So zeigten schon die ersten Versuche, daß manche Zusatzmittel in der zentralen Anlage, bei der die Flotte während des Rücklaufs doch recht intensiv mit Luft gemischt wird, starke Schaumbildung. In anderen Fällen hatten die Lösungen im Betriebswasser für die Dauer keine Beständigkeit. Bei längerer Beobachtungszeit zeigten sich Abscheidungen und Ausflockungen, die sowohl bei stillstehender als auch bei zirkulierender Flotte in mehr oder weniger starkem Umfang zu beobachten waren.

Auch bei den chemischen Hilfsmitteln, die äußerlich eine Ausscheidung oder Ausflockung nicht erkennen ließen, konnte durch Tauchnetzversuche[*] und

---
[*] Siehe Seite 23

durch Beobachtung zurückgehender Wirkung des Zusatzes festgestellt worden, daß eine Abnahme der Konzentration in fortschreitendem Maße stattfindet. Dies ist - wie zweckentsprechend angelegte Laborversuche bestätigten - durch ein Aufziehen des Zusatzmittels auf das durchlaufende Vorgarn und die im Wasserkasten vorhandenen Schwebeteile zu erklären, wobei an einen Dissoziationsvorgang zu denken ist.

Bisher wurde der Zusatz folgender textiler Hilfsmittel in der Betriebsanlage erprobt:

Cekit WD der Fa. Stockhausen & Cie, Krefeld. Die Wirkung dieses Zusatzes war ungenügend, da sich eine Ausfällung des Hilfsmittels deutlich bemerkbar machte.

Stoco O der Fa. Stockhausen & Cie, Krefeld. Dieser Zusatz brachte ein unertragbares Schäumen der Flotte mit sich, so daß ein Antischaummittel in unverhältnismäßig hoher Menge eingesetzt werden mußte.

Nekal AEM der Badischen Anilin- und Soda-Fabrik, Ludwigshafen. Auch dieser Zusatz verursachte eine starke Schaumbildung, die durch Antischaummittelzugabe zwar zu beherrschen war, doch trat eine offensichtliche Ausscheidung der Leimkomponente des Nekals ein.

Limanol HF der Fa. Schill & Seilacher, Stuttgart. Dieses Zusatzmittel zeigte eine mäßige Schaumbildung, die bei Zugabe eines Antischaummittels in tragbaren Grenzen blieb.

---

*) Wenn auch nur sekundär, trat die Frage nach einem betrieblichen Verfahren für die Konzentrationskontrolle auf. Die normalen Methoden der chemischen Analyse erwiesen sich für die Feststellung des an sich geringen Gehaltes an Zusatzmitteln - es handelte sich bei früheren Versuchen um eine Größenordnung von 2 g/l - als unbrauchbar. Auch die chemischen Fabriken, welche die Zusatzmittel für die Versuche zur Verfügung stellten bzw. lieferten, waren nicht in der Lage, Verfahren für eine betriebsmäßig durchführbare Überprüfung der Flottenkonzentration anzugeben. Als Möglichkeit blieb die Prüfung der Netzwirkung, etwa durch vergleichende Tauchnetzversuche nach DIN 53 901. Die sich bei derartigen Untersuchungen ergebenden Netzzeiten bieten recht anschauliche Werte für den Einfluß des Netzmittels bzw. die Veränderung der Flottenkonzentration. Es ist dabei aber zu bedenken, daß - wie frühere Versuche zeigten - die angestrebte Wirkung des chemischen Zusatzes zum Spinnbad nicht allein auf Netzwirkung, sondern auch auf den Gehalt an Emulgatoren und Kolloiden zurückzuführen ist, die in den chemischen Hilfsmitteln mit Netzern vielfach kombiniert sind.

Aus den genannten Gründen befriedigte keines der Zusatzmittel völlig. Nach eingehender Aussprache mit einem Sachverständigen der BAST Ludwigshafen wurde uns von dieser Firma ein Rapidnetzmittel "Tensactol A" empfohlen, welches sich infolge der anzuwendenden geringen Konzentration auch ohne Zusatz eines Gegenmittels im Kreislaufbetrieb als schaumarm erwies.

Mit den beiden letztgenannten Mitteln Limanol HF[*)] und Tensactol A wurden die ersten auswertbaren Betriebsversuche zur Verbesserung der Fadenbruchhäufigkeit durch Zusatz chemischer Hilfsmittel zum Spinnbad der Naßspinnmaschinen unter Ausnutzung der zentralen Wasserversorgungsanlage durchgeführt, über die nachfolgend berichtet werden soll.

Entsprechend den Angaben der Lieferfirmen betrug die Zugabe des Limanol HF 2 g/l Spinnflotte, während der Schnellnetzer Tensactol A mit 0,75 g/l zugesetzt wurde.

Es wird weiteren Reihenuntersuchungen vorbehalten bleiben, festzustellen, ob diese Konzentrationen in der gewählten Form zweckentsprechend sind. Es sei hier festgehalten, daß die Lösung von 2 g/l des verwendeten Limanal HF im destillierten Wasser nach DIN 53 901 Tauchnetzzeiten von rd. 5 min 30 s und die Lösung von 0,75 g/l Tensactol A Tauchnetzzeiten von rd. 2 min ergaben. Ein unmittelbarer Vergleich dieser Tauchnetzzeiten als Ausmaß der angestrebten Wirkung der Zuästze ist allerdings nicht möglich, da - wie bereits erläutert - nicht allein die netzende Wirkung für die Verbesserung des Verzugswiderstandes im Streckwerk maßgeblich sein muß.

2. Spinnversuche

Die Versuche, die Spinnverhältnisse durch den Zusatz chemischer Hilfsmittel zum Spinnbad zu beeinflussen, mußten sich ihrer Zielsetzung entsprechend einmal auf den Vergleich der Fadenbruchhäufigkeit beim Spinnen mit üblichen Temperaturen beziehen, zum anderen Mal mußte die Möglichkeit geprüft werden, ohne negative Beeinflussung der Fadenbruchhäufigkeit die Temperatur des Wasserbades wesentlich zu senken.

Die Spinnversuche wurden derart durchgeführt, daß einzelne der sieben an die Anlage angeschlossenen Maschinen vergleichend mit chemischen Zusatzmitteln im Zirkulationswasser und anschließend unter Abschaltung von der

---

[*)] (mit Zugabe von 0,2 g Antispumin der Fa. Stockhausen & Cie., Krefeld)

Anlage unter normalen Bedingungen betrieben wurden.*) Dabei wurde aus gleichen Vorgarnen und bei gleichen Einstellungen der Maschinen gearbeitet und vergleichende Fadenbruchzählungen vorgenommen. Die Beobachtungen erstreckten sich, sofern es die Größe der zur Verfügung stehenden Spinnpartien erlaubte, über mehrere Tage, wobei als zweckmäßig erkannt wurde, im täglichen Wechsel mit und ohne Spinnzusatz zu arbeiten.

Die Versuche 1 bis 3 wurden mit dem Zusatzmittel Limanol HF durchgeführt, wobei die Spinnbadtemperatur auf 60 - 65 °C eingestellt war, während ohne Zusatz mit 80 - 85 °C gesponnen wurde. Die Versuche 4 - 9 erfolgten mit dem Zusatzmittel Tensactol A bei einer Flottentemperatur von ebenfalls 60 bis 65 °C, während ohne Spinnbadzusatz die Spinnbadtemperatur 70 - 80 °C betrug.**)

Wie bereits erwähnt, wurde die Flotte in einer Konzentration von 2 g/l angesetzt. Zusätzliche Zugaben des Limanol erfolgten während des etwa 5 Wochen langen Versuchsbetriebes nicht so daß es angesichts der eintretenden Verarmung der Flotte durch Ausfällen des Zusatzmittels nur der aus dem Ansatzbecken zulaufenden Ergänzungsflotte überlassen blieb, die Aufrechterhaltung einer gegenüber dem Ansatz verringerten Konzentration zu sichern. Wie hoch diese Konzentration ist, läßt sich nicht ohne weiteres angeben, da die bereits erwähnte Methode der Tauchnetzversuche bei Limanol HF, das nicht allein auf Netzmittelbasis aufgebaut ist, versagt.

Zwischen den Versuchen 4 - 7 und 8 und 9 besteht insofern ein Unterschied, als bei den letzteren laufend eine höhere Zugabe von Tensactol A erfolgte, um die Verarmung der Flotte infolge Aufziehens des Mittels auf den Faserstoff auszugleichen und die in Aussicht genommene Konzentration von 0,75 g/l gleich zu halten. Das Maß der Überdosierung wurde aus dem Ergebnis vorgenommener Konzentrationsmessungen errechnet. Bei den Versuchen 4 - 7 wurde

---

*) An den angeschlossenen Maschinen waren zu diesem Zweck die bisherigen Installationen zur Versorgung mit Kaltwasser und Heizdampf nicht entfernt worden.

**) Der Spielraum in der Wassertemperatur bei den an die Anlage angeschlossenen Maschinen ist, wie bereits im Abschnitt III/1 erläutert, auf die Abkühlung im Wasserkasten zurückzuführen. Der Mittelwert bleibt ohne jede zusätzliche Kontrolle konstant. Bei normaler Versorgung wurden die Wasserkästen der Versuchsmaschinen indirekt durch Dampf beheizt. Trotz Überwachung bedingten hierbei Unterschiede in der Dampfversorgung Schwankungen in den angegebenen Grenzen.

dem Nachlassen der Konzentration von Zeit zu Zeit durch ergänzende Zugaben des Netzmittels Rechnung getragen. Diese Maßnahme wurde durch Überwachung der Flottenkonzentration auf dem Wege der Tauchnetzversuche gesteuert.

Die Versuche 10 - 15 liefen mit dem Zusatzmittel Tensactol A bei kontinuierlicher Konzentrationsergänzung und mit einer auf 30 - 40 °C gesenkten Temperatur im Wasserkasten. Ohne Tensactolzugabe wurde mit 70 - 80 °C gesponnen.

Die Ergebnisse der Fadenbruchzählungen bei Erprobung des Zusatzmittels Limanol HF und einer - gegenüber dem Spinnen ohne Zusatzmittel angewandten - geringeren, sonst aber normalen Spinnwassertemperatur von 60 - 65 °C sind in Tabelle 3 für die Werggarne Nm 7,2 und Nm 10 sowie für Flachsgarn Nm 15 wiedergegeben. Die Tabelle enthält auch die angewandten Spinndaten sowie die Anzahl der beobachteten Abzüge. Die Vergleichsversuche mit und ohne Spinnbadzusatz, die sich beide in allen Fällen über eine größere Zahl von Abzügen erstreckten, ergeben durchweg eine Verringerung der Fadenbruchhäufigkeit beim Zusatz des Limanol HF in einer Konzentration von 2 g/l in der Ansatzflotte[*]. Die absolute Höhe der Fadenbrüche je 100 Spdl.-Std. lag beim Spinnen ohne Zusatz relativ hoch und konnte, wie die in der Tabelle enthaltenen Werte zeigen, durch den Zusatz von Limanol auf etwa normale Höhe vermindert werden.

In Tabelle 4 sind in gleicher Weise für die Werggarne Nm 4,8, 10 und 11 sowie für Flachsgarn Nm 15 die erreichten Fadenbruchhäufigkeiten angeführt, die beim Arbeiten mit und ohne Zusatzmittel Tensactol A in einer Konzentration von 0,75 g/l festgestellt worden sind. Auch bei diesen Versuchen betrug die Spinnbadtemperatur mit Zusatzmittel 60 - 65 °C, während die Parallelversuche ohne Zusatz und nach Abschalten von der Anlage mit 70 - 80 °C Temperatur im Wasserkasten gefahren wurden. Auf die unterschiedliche Durchführung der Versuche 4 - 7 bzw. 8 und 9 wurde bereits hingewiesen. In allen Fällen wurde aber eine Einhaltung der genannten Konzentration über die Gesamtdauer der Versuche angestrebt und im wesentlichen wohl auch erreicht.

Wie aus der Tabelle ersichtlich, stellten sich auch bei Zusatz von Tensactol A ganz erhebliche Verminderungen der Fadenbruchhäufigkeit in der

---

[*] Vergleiche hierzu Seite 25

Tabelle 3
Zusatzmittel: Limanol HF

Versuch Nr.	1		2		3	
Garn Nm Soll Garnqualität Soll	7,2 Wg Ia m. K.		1o Wg Ia m. K.		15 Fl Ia m. K.	
Zusatzmenge in g/l Temperatur in °C	ohne 8o-85	2,o 6o-65	ohne 8o-85	2,o 6o-65	ohne 8o-85	2,o 6o-65
Beob. Abzüge	19	19	1o	14	12	12
Fadenbrüche je 1oo Spdl.-Std. Verminderung in %	48,6	41,1 15,4	72,5	55,9 22,9	57,9	44,4 3o,5

Maschinendaten:

Vers. 1: 3 1/2" Teilg., V = 6,5, 253 Dr/m, 9,o m/min
"   2: 2 3/4"   "   ,   6,2, 296   " , 9,o   "
"   3: 2 3/4"   "   ,   7,2, 374   " , 8,o   "

Größenordnung zwischen 15 und 4o % ein. Auch in diesen Fällen gelang es demnach, die Spinnfähigkeit wesentlich zu verbessern und insbesondere auch überhöhte Fadenbruchhäufigkeiten auf ein tragbares Maß herabzusetzen.

Abbildung 2 gibt die Fadenbruchhäufigkeit je 1oo Spdl.-Std. für alle Abzüge der einzelnen Versuche wieder, so daß die Streuung der Einzelwerte erkennbar ist. Bekanntlich ist aus der Größe dieser Streuung und der Anzahl der Beobachtungen, in unserem Fall der beobachteten Abzüge, nach den Verfahren der technischen Statistik die Sicherheit zu errechnen, mit welcher der festgestellte Unterschied, d.h. die Behauptung der eingetretenen Verbesserung der Spinnverhältnisse als statistisch echt anzuerkennen ist. Es ergibt sich für die Versuche 1 - 9, die mit 2 verschiedenen Zusatzmitteln und bei normaler Spinntemperatur durchgeführt worden sind, daß bei 7 dieser Versuche die festgestellte Verbesserung mit mindestens 99 % Sicherheit und in 2 der Versuche, nämlich 7 und 9, mit mindestens 95 % Sicherheit als echt zu bezeichnen ist[*].

---

[*] Die technische Statistik kennt die Grenzen von 95 %, 99 % und 99,9 % als markante Werte für die Bewertung der Sicherheit

Tabelle 4

Zusatzmittel: Tensactol A

Versuch Nr.	4		5		6		7		8		9	
Garn Nm Soll	4,8 Wg		4,8 Wg		10 Wg		15 Fl		4,8 Wg		11 Wg	
Garnqualität Soll	Ia m. K.		Ia Schuß		Ia m. K.		Ia m. K.		Ia m. K.		Ia Schuß	
Zusatzmenge in g/l	ohne	0,75	ohne	0,75	ohne	0,75	ohne	0,75	ohne	0,75	ohne	0,75
Temperatur in °C	70-80	60-65	70-80	60-65	70-80	60-65	70-80	60-65	70-80	60-65	70-80	60-65
Beob. Abzüge	20	17	6	7	13	6	7	8	21	22	7	10
Fadenbrüche je 100 Spdl.-Std.	47,8	32,7	81,1	48,1	60,0	50,5	48,6	33,5	33,6	25,6	83,8	69,3
Verminderung in %		31,6		40,7		15,8		31,0		23,8		17,3

Maschinendaten:
Vers. 4: 3 1/2" Teilg., V = 5,8, 206 Dr/m, 10,0 m/min
" 5: 3 1/2" ", " = 6,0, 195 ", 10,0 "
" 6: 2 3/4" ", " = 6,2, 296 ", 9,0 "
" 7: 2 3/4" ", " = 7,2, 374 ", 8,0 "
" 8: 3 1/2" ", " = 5,8, 206 ", 10,0 "
" 9: 2 3/4" ", " = 6,3, 276 ", 8,0 "

Demnach ist der Nachweis für die Möglichkeit einer wesentlichen Verbesserung des Spinnens durch Verwendung von chemischen Zusätzen zum Spinnbad auch auf Betriebsebene und unter Anwendung einer geeigneten technischen Anlage einwandfrei erbracht.

Es gelingt leider noch nicht festzustellen, von welchen Faktoren die Schwankungen in der prozentualen Verbesserung des Spinnens bei Anwendung der Zusätze, die sich als sehr beachtlich erwiesen, zurückzuführen sind. Steigt die Wirkung bei den Zahlen der Tabelle 3 mit zunehmender Garnfeinheit, so ist davon bei den Versuchen 4 - 7 bzw. 8 - 9 der Tabelle 4 nichts zu bemerken, im Gegenteil, hier scheinen die gröberen Garne von der Verbesserung in stärkerem Maß betroffen zu sein.

Es ist nicht zu erwarten, daß in dem heutigen Stadium der geschilderten Entwicklung ausreichende Erfahrungen über spezifische Wirkungen unter Berücksichtigung des Fasermaterials bzw. der einzelnen Zusatzmittel gesammelt vorliegen können. Hierfür sind weitere Beobachtungen auf breiter betrieblicher Ebene erforderlich.

Die vorstehend geschilderten und in den Tabellen gezeigten prozentualen Verbesserungen der Fadenbruchhäufigkeit erreichen nicht die Größenordnung, die bei den früheren und eingangs bereits erwähnten Untersuchungen des TWB-Bastfaser festgestellt werden konnten. Damals wurde bei Anwendung von geeignetem Zusatz einwandfrei die Möglichkeit einer Herabsetzung der Fadenbruchhäufigkeit auf eine Höhe von etwa 50 % der ohne Zusatz festgestellten erwiesen. Wenn damals die Versuche auch nur behelfsmäßig und ohne eine für die Durchführung des Verfahrens bestimmte Anlage vorgenommen werden konnte, so besteht keine Veranlassung anzunehmen, daß die damaligen Feststellungen betrieblich nicht realisierbar sind.

Ferner ist auf folgendes hinzuweisen: Die Auswertung der in Abbildung 2 dargestellten Schwankungen der Fadenbruchhäufigkeiten bei den einzelnen Abzügen innerhalb der Versuche mit genügender Zahl der Einzelbeobachtungen ergibt in fast allen Fällen eine gewisse Erhöhung des Variationskoeffizienten dieser Schwankung für das Spinnen mit Zusatzmitteln. Dieses ist wiederum in den meisten Fällen darauf zurückzuführen, daß die Schwankungsbreite nicht in gleichem Maße abgenommen hat wie der Mittelwert der Fadenbruchhäufigkeit. Diese Feststellung ändert nichts an der aufgezeigten Tatsache der erzielten Verbesserung des Spinnens. Er gibt aber ebenso wie der vorstehend gemachte Vergleich mit den betrieblich noch nicht erreichten

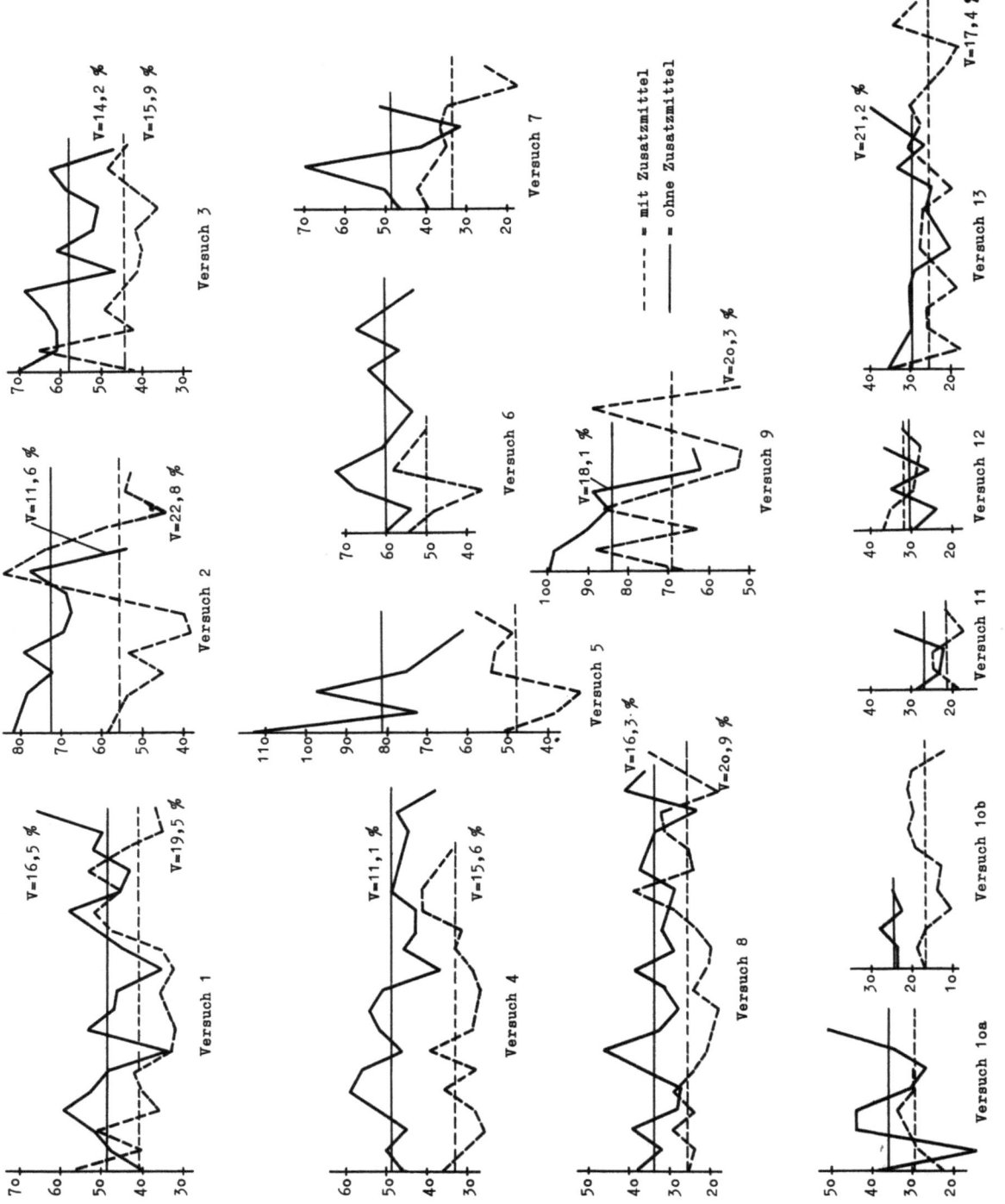

Abbildung 2

Fadenbruchhäufigkeiten beim Spinnen mit und ohne chemische Zusatzmittel

Möglichkeiten, welche die früher durchgeführten Versuche zeigten, die Richtung an für weitere Versuche und Untersuchungen mit den einzusetzenden Zusatzmitteln und ihren Konzentrationen.

Wurden die bisher in ihren Ergebnissen geschilderten Versuche mit Zusätzen zum Spinnbad bei einer Normaltemperatur von 60 - 65 °C des Wasserbades durchgeführt, dabei eine wirksame Verminderung der Fadenbruchhäufigkeit und daraus hergeleitet die Möglichkeit entweder eines besseren Spinnmaschinenwirkungsgrades oder einer höheren Liefergeschwindigkeit festgestellt, so galten die Versuche 10 - 13 dem Spinnen mit relativ niedrigen Wassertemperaturen. Es wurde schon erläutert, daß eine praktisch durchgeführte Herabsetzung der Spinnbadtemperatur von beachtlicher wirtschaftlicher und sozialer Bedeutung wäre, da sie Dampfersparnis und die für die Zukunft unabdingbare Verbesserung der Arbeitsverhältnisse in den Naßspinnsälen mit sich zu bringen vermag.

Das Spinnen mit einer gegenüber normal wesentlich herabgesetzten Spinnbadtemperatur gelingt ohne Zusätze nicht. Es ist dies nicht in allen Fällen eine Frage der Spinnfähigkeit, ausgedrückt durch die Zahl der Fadenbrüche je Maschinen- und Zeiteinheit, die insbesondere bei feineren Flachsgarnen aus hochwertigerem Fasermaterial in tragbaren Grenzen bleiben mag. Mitbestimmend ist aber die Qualität des Garnes, die durch das Auftreten des gefürchteten "Meißeldrahtes" bei unzulänglichen Verzugsverhältnissen entscheidend betroffen werden kann. Die Frage, die sich uns stellte, war: Gelingt es, bei Zusatz chemischer Hilfsmittel zum Spinnbad die Wassertemperatur in dem gewünschten Ausmaß zu senken und dabei einerseits die Fadenbruchhäufigkeit nebst Maschinenwirkungsgrad nicht zu verschlechtern, andererseits aber auch eine qualitative Verschlechterung, sprich vor allem "Meißeldraht", mit Sicherheit zu verhindern?

In Tabelle 5 sind neben der Aufzählung der Maschinendaten die Ergebnisse der Fadenbruchzählungen beim Spinnen von Werggarnen Nm 4,8[*)] und 10 sowie Flachsgarnen Nm 15 und 21 wiedergegeben. In bereits dargestellter Weise wurde jweils einmal mit Zusatz von 0,75 g/l Tensactol A bei 30 - 40 °C und das andere Mal ohne Zusatz und unter Abschaltung von der Anlage mit 70 - 80 °C gesponnen.

---

*) Dieses Garn ist von zwei verschiedenen Vorgarnpartien (Vers. 10a und 10b) gesponnen worden.

Die festgestellten Differenzen der Fadenbruchhäufigkeiten sind überraschend Nur im Falle des Versuchs 12 liegt die Zahl der Fadenbrüche je 1oo Spdl.-Std. unverändert, genau genommen war sie beim Heißwasserspinnen geringer, jedoch in einer Größenordnung, die von einem statistisch echten Unterschied keine Rede sein läßt. Bei allen anderen Versuchen trat - wie ersichtlich - bei Anwendung des genannten Spinnbadzusatzes auch bei herabgesetzter Spinnbadtemperatur (3o - 4o °C) eine in ihrer Auswirkung von den Ergebnissen der bereits besprochenen Versuche mit normaler Spinnbadtemperatur kaum zurücktretende Verbesserung der Fadenbruchhäufigkeit in Grenzen von 12 - 32 % *) bezogen auf die Zahl beim Spinnen mit 7o - 8o °C und ohne Spinnbadzusatz auf. Dies ist mehr, als erwartet worden war und damit auch der Beweis für die Möglichkeit eines einwandfreien Spinnens mit herabgesetzter Wassertemperatur bei Anwendung eines geeigneten Zusatzes zweifelsfrei erbracht.

In Abbildung 2 sind auch die Ergebnisse der in Tabelle 5 zusammengefaßten Versuche graphisch wiedergegeben.

Zur Frage der Qualität sei an dieser Stelle lediglich erwähnt, daß ein Auftreten von Meißeldraht in keinem Fall beobachtet werden konnte. Demgegenüber trat er bei Versuchen, auch ohne Zusatz mit herabgesetzter Temperatur zu arbeiten, in den meisten Fällen deutlich in Erscheinung.

Die Versuche mit herabgesetzter Temperatur erstreckten sich in einigen Fällen auf eine Zahl von Abzügen, von der wir gewünscht hätten, sie wäre höher, was aber aus betrieblichen Gründen nicht möglich war. Deshalb entschlossen wir uns, den vorgenannten Versuchen, bei denen genaue Fadenbruchzählungen vorgenommen worden waren, einen längeren Versuch mit drei Maschinen folgen zu lassen, die über drei Arbeitswochen mit einem Zusatz von o,75 g/l Tensactol A und einer Temperatur von rd. 4o °C im Dauerbetrieb arbeiteten. Dieser Versuch wurde ohne Rücksicht auf den Wechsel der Spinnpartien durchgehalten. wobei Werggarne Nm 7,2 und 15 sowie Flachsgarn Nm 21 gesponnen wurden. Einzelne Fadenbruchhäufigkeiten wurden nicht aufgenommen. Die Aufmerksamkeit galt lediglich der Beobachtung des Spinnens und der Überprüfung des Garns auf Meißeldraht. Dieser Versuch verlief nach

---

*) Die höheren Prozentzahlen finden sich bei Werggarnen (19, 32, 2o %), während - wie bereits erwartet - bei den feineren Flachsgarnen der Erfolg geringer war.

Tabelle 5

Zusatzmittel: Tensactol A

Versuch Nr.	10 a		10 b		11		12		13	
Garn Nm Soll	4,8 Wg		4,8 Wg		10 Wg		15 Flg		21 Flg	
Garnqualität Soll	Ia m. K.		Ia m. K.		Schw.Kette		Ia m. K.		Ia m. K.	
Zusatzmenge in g/l	ohne	0,75	ohne	0,75	ohne	0,75	ohne	0,75	ohne	0,75
Temperatur in °C	70-80	30-40	70-80	30-40	70-80	30-40	70-80	30-40	70-80	30-40
Beob. Abzüge	8	6	5	12	4	5	5	6	14	19
Fadenbrüche je 100 Spdl.-Std.	36,0	29,2	24,8	17,0	27,0	21,6	30,7	31,9	29,5	26,0
Verminderung in %		18,9		31,5		20,0		3,9		11,8

Maschinendaten: Vers. 10 a: 3 1/2" Teilg., V = 5,8, 206 Dr/m, 10,0 m/min
               "   10 b: 3 1/2"   "   "   5,8,   206   "   10,0   "
               "   11 : 2 3/4"   "   "   6,6,   315   "   8,0   "
               "   12 : 2 3/4"   "   "   7,2,   374   "   8,0   "
               "   13 : 2 1/4"   "   "   7,9,   432   "   8,0   "

beiden Richtungen mit so überzeugendem Ergebnis, daß er einwandfrei als Bestätigung für die praktische Durchführbarkeit des Spinnens bei niedrigen Wassertemperaturen mit Zusatz und unter Benutzung der von uns vorgeschlagenen Spinnwasseranlage anzusehen ist.

Nach Abschluß des Dauerversuches wurden sämtliche Maschinen an die Anlage angeschlossen und im Betrieb mit 40 °C Wassertemperatur einer Kommission von Fachleuten vorgeführt.

3. Garnprüfung

Die früheren Untersuchungen haben eine mit der Verbesserung des Spinnens bei Zusatz chemischer Hilfsmittel einhergehende Erhöhung der Garnqualität nicht nachweisen können. Das Ergebnis war unter Berücksichtigung einer gewissen Streuung vielmehr dahingehend zu deuten, daß eine Veränderung der Garnqualität nicht eintrat, was angesichts der angewandten Konzentrationen und der neutralen Beschaffenheit der Zusatzmittel auch kaum erwartet werden kann.

Die diesbezüglichen Ergebnisse der jetzt durchgeführten Großversuche, über die in dieser Ausarbeitung berichtet wird, scheinen uns für eine endgültige Behandlung der Qualitätsfrage nicht ausreichend zu sein. Sie hatten grundsätzliche Klärungen der erwachsenden Möglichkeiten zur Verbesserung des Spinnens zur Aufgabe und erstreckten sich noch nicht auf die Bestimmung der optimal wirkenden Zusätze bzw. der erforderlichen und günstigen Konzentrationen. Es bleibt weiteren Untersuchungen vorbehalten, diese Fragen zu klären und unter Berücksichtigung der gefundenen Lösungen auf genaue Bestimmungen der Garnqualitäten einzugehen.

Von einigen wesentlichen der durchgeführten Versuche wurden dennoch Garnproben entnommen und diese unter Beachtung der DIN-Vorschriften einer Qualitätsprüfung unterzogen. Die Ergebnisse sind in Tabelle 6 zusammengestellt und sollen nachstehend kurz behandelt werden. Zur Prüfung lagen Garne aus folgenden Versuchen vor: Vers. 8 und 9, gesponnen mit 70 - 80 °C ohne Zusatz und 60 - 65 °C mit Zusatz sowie die Vers. 10b, 11 und 13, gesponnen mit 70 - 80 °C ohne und 30 - 40 °C mit Zusatz von Tensactol A in einer Konzentration von 0,75 g/l.

In Tabelle 6 sind enthalten: die Garnnummer, die mittlere Reißlast in g und ihr prozentualer Variationskoeffizient, die sog. Mindestreißlast in g,

Tabelle 6

Zusatzmittel: Tensactol A

Vers. Nr.	8		9		10b		11		13	
Zusatz	ohne	mit	ohne	mit	ohne	mit	ohne	mit	ohne	mit
Temp. °C	70-80	60-65	70-80	60-65	70-80	30-40	70-80	30-40	70-80	30-40
Nm eff.	5,0	5,3	10,6	11,7	5,0	4,8	10,1	9,5	21,2	21,5
mittl. Reißlast g	3139	2697	1287	1155	2543	3080	1713	1867	1115	1032
Mindestreißlast g	2141	2043	832	738	1853	2300	1100	1257	726	626
Variationskoeffizient der Reißlast %	15,1	15,7	22,3	23,2	17,3	15,7	18,6	22,1	22,1	24,4
Reißlänge km	15,6	14,4	13,6	13,5	12,6	14,8	17,3	17,7	23,6	22,1
Reißdehnung %	2,24	2,00	1,76	1,65	2,30	2,04	2,15	2,15	1,80	1,70
1o-Bruch-Belastung kg	-	-	-	-	7,6	8,7	8,6	7,0	10,5	10,6
Bewertung	Ia m.K.	Ia m.K.	mech.K.	mech.K.	mech.K.	Ia m.K.	Schw.K.	Schw.K.	Schw.K.	Ia m.K.

die sich ergibt, wenn von den anfallenden Reißwerten die niedrigsten Werte in Höhe von 5 % der Gesamtzahl gestrichen werden, die Reißlänge in km und die Reißdehnung in %, schließlich auch - soweit festgestellt - die 1o-Bruchbelastung in kg, bezogen auf Nm 1 als Ergebnis der Prüfung am laufenden Faden. Schließlich ist die Einstufung der Garne in die bekannten Qualitätsstufen unter Berücksichtigung der Reißlänge, der Mindestfestigkeit und - soweit vorhanden - 1o-Bruchbelastung eingetragen.

Betrachtet man zunächst die Einstufung, so ergibt sich, daß in drei von insgesamt fünf betrachteten Fällen ein Qualitätsunterschied nicht entstanden ist, bei einem der Versuche das mit Zusatz gesponnene und bei einem anderen das ohne Zusatz gesponnene Garn besser ausfällt. Im ganzen gesehen kann also von einem Festigkeitsunterschied der ohne und mit Zusatz gesponnenen Garne nicht gesprochen werden.

Ebenso, wie diese Gesamtbeurteilung einen Ausgleich der auftretenden Unterschiede in sich birgt, so ist dies auch von den einzelnen Richtwerten, aus denen sie sich zusammensetzt, zu sagen. Eine Tendenz für eine Beeinflussung der Garnnummer ist nicht vorhanden. Die festgestellten mittleren und Mindestreißwerte sind im Zusammenhang mit diesen Nummernschwankungen zu betrachten und führen zu Ergebnissen für die Reißlänge und das Verhältnis der Mindestreißfestigkeit zur Sollfestigkeit, die ebenso in einem Rahmen Schwankungen unterworfen sind, der sich bei Untersuchungen von Leinengarnen in der Praxis häufig ergibt. Jedenfalls ist von einer Benachteiligung des mit Zusatz gesponnenen Garns in diesem Zusammenhang nicht zu sprechen.

In Fällen, bei denen Reißlängenunterschiede auftraten, haben wir zudem die Rohgarne im Laboratorium einer Abkochung in 5 %iger Sodalösung unterworfen, weil bekanntlich im Rohgarn auftretende Unterschiede sich bei dieser Nachbehandlung häufig ausgleichen. Wir unterzogen ihr die Garne aus den Versuchen 8, 1ob und 13 mit dem Erfolg, daß sich die Reißlängen tatsächlich einander mehr oder weniger anglichen. Wir fanden für die abgekochten Garne folgende Reißlängen:

	ohne Zusatz	mit Zusatz
Versuch 8	15,3	15,9 km
" 1ob	15,4	16,4 "
" 13	22,1	21,0 "

Es bleibt also auch nach diesem Vergleich festzustellen, daß eine Tendenz für eine Verbesserung oder eine Verschlechterung der Garnfestigkeitseigenschaften beim Spinnen mit und ohne Zusatz nicht feststellbar ist. Sämtliche Unterschiede liegen innerhalb der den Mittelwerten zuzubilligenden Vertrauensbereiche.

Dieses gilt auch für den Variationskoeffizienten der Reißkraft. Dennoch erscheint es unerfreulich, daß er in vier von fünf Fällen bei den mit Zusatz gesponnenen Garnen erhöht auftritt, wenn es sich auch zum Teil um nur geringe Abweichungen handelt. Dieses deutet auf proportional größere Streuung hin. Eine weitere ungünstige Feststellung ist eine der Tendenz nach vorhandene Verringerung der Reißdehnung. Wenn auch angesichts der Kleinheit der absoluten Dehnungsbeträge diese Erscheinung praktisch kaum von größerer Bedeutung sein dürfte, so soll sie an dieser Stelle nicht unerwähnt bleiben, um bei den erforderlichen weiteren Untersuchungen ihre Berücksichtigung zu finden.

Zusammenfassend sei zu diesem Kapitel gesagt, daß die Ergebnisse der Garnprüfungen hinsichtlich der Festigkeiten keine Unterschiede zwischen den ohne und mit Zusatz von Tensactol A gesponnenen Garne ergeben haben, und zwar auch in jenen Fällen nicht, in denen das Spinnen mit Zusatz unter Anwendung einer geringen Spinnbadtemperatur erfolgte. Demgegenüber zeigten die ohne Zusatz gesponnenen Garne eine bessere Reißdehnung. Wir haben jedoch darauf hinzuweisen, daß die eigentlichen Untersuchungen der Garnqualität erst dann erfolgen können, wenn über die anzuwendenden Zusätze und ihre Konzentrationen größere Erfahrungen vorliegen, als sie bis jetzt gelegentlich unserer auf das Grundsätzliche gerichteten Versuche und Untersuchungen gesammelt werden konnten.

Das Spinnen mit herabgesetzter Temperatur in kaltem Wasser _ohne_ Zusatz verbietet sich in qualitativer Hinsicht durch ein in den meisten Fällen unvermeidbares Auftreten von Meißeldraht.

V. Anlage- und Betriebskosten

Die beschriebene Anlage, ihr Betrieb mit chemischen Zusätzen und ihre Wartung erfordern naturgemäß einen gewissen Aufwand, dessen Höhe zu kennen notwendig ist, um ein **Bild** über die Kosten dieser Neueinrichtung im Vergleich zur bisherigen Wasser- und Dampfversorgung der Spinnwasserkästen zu erhalten. In der nachfolgenden Aufstellung sind diese Kosten zusammengefaßt, und zwar für eine Durchschnittsproduktion der an die Anlage angeschlossenen Maschinen von je 12 kg Garn Nm 10 je Stunde.

Die Anlage ist für 14 Maschinen ausgelegt. Die Anlagekosten betrugen rd. DM 25.000,--. Für die Kostenaufstellung wurde mit 20 % jährlicher Amortisation und Verzinsung gerechnet.

Der Errechnung des Dampfverbrauches wurde je 1 kg Dampf ein verfügbares Wärmegefälle von 550 WE bei einem Wärmewirkungsgrad der Anlage von 80 % zugrundegelegt und die Kosten je 1 t Dampf mit DM 13,-- eingesetzt. Der Wärmeaufwand ergibt sich aus der zum Ausgleich der Flottenabkühlung in den Spinntrögen und Leitungen notwendigen Wärmemenge und aus der Wärme, die erforderlich ist, um das Zusatzwasser auf die Temperatur der Flotte zu bringen. Bei der angenommenen Höhe der Abkühlung (von 43 °C auf 37 °C) im Leitungsnetz wurde eine wirksame Isolation der Rohre vorausgesetzt. Der Inhalt beider Tröge einer Spinnmaschine beträgt 500 l, das Gesamtvolumen der Umlaufflotte 17 000 l. Die Temperatur des Frischwassers wurde mit 10 °C in Ansatz gebracht.

Als Zusatz wurde mit dem Schnellnetzmittel Tensactol A der BAST, Ludwigshafen, zu einem Preis von DM 3,60 je 1 kg gerechnet. In die Kostenrechnung einzusetzen waren die Konzentration der Zusatzflotte zur Kompensation des vom Vorgarn entnommenen Wassers (1,5 g/l) und der etwa 4-wöchentlich zu erfolgende Flottenansatz nach jeder Säuberung der Becken (0,75 g/l; Gesamtmenge 13 kg Tensactol).

An Stromkosten ist der Verbrauch der Umlauf- und der Frischwasserpumpe zu berücksichtigen. Dabei wurde mit einem Wirkungsgrad der Elektromotoren von 80 % und einem Strompreis von 0,08 DM je KWh gerechnet.

Die Aufstellung enthält weiterhin vergleichsweise für die normal betriebenen Maschinen den erforderlichen Wärme- bzw. Dampfaufwand für den Ausgleich der Abkühlung des Spinnwassers in den einzelnen Maschinentrögen (15 °C je Std.) und die Aufheizung des Zusatzwassers von 10 °C auf 70 °C.

Nicht eingesetzt sind in beiden Fällen die selbstverständlich vorhandenen Kosten für die Wartung der Heizanlage. In beiden Fällen ist eine Arbeitskraft vorzusehen, die neben anderen Aufsichtsarbeiten im Saal das Funktionieren der Wasser- und Heizanlagen zu kontrollieren hat. Mag die zentrale Anlage ungewohnterweise zunächst diesbezüglich aufwendiger erscheinen, so wird diese Auffassung mit der Gewöhnung an die neue Art der Wasserversorgung verschwinden. Es wird vielleicht als zusätzliche Arbeit die Bereitung des Ansatzes und das periodische Reinigen der Becken verbleiben, was aber einer Größenordnung entspricht, die nicht gesondert in Rechnung gestellt zu werden braucht.

Kostenaufstellung

1. Zentrale Spinnwasseranlage

	Dpf. je Masch.Std.
a) <u>Anlagekosten:</u> DM 25.000,-- Verzins.u.Amort. = DM 5.000,-- jährl. 14 Masch. je 2 400 Std.	14,9
b) <u>Dampfverbrauch:</u> <u>Umlaufflotte:</u> 3,5 facher Wechsel je Std.; 500 l Inhalt 6 °C Abkühlung = 10 500 WE/Masch. <u>Ergänzungsflotte:</u> 12 kg Garnprod./Std. x 500 % = 60 l 33 °C Aufwärmung = 1 980 WE/Masch. 12 480 WE = 22,7 kg Dampf a Dpf. 1,3	29,5
c) <u>Zusatzmittel:</u> <u>Flottenergänzung:</u> 60 l je 1,5 g Tensactol = 90 g/Masch.-Std. 0,09 kg a DM 3,60	32,4
Neuansatz: je 4 Wochen = 192 Std. 13 kg a DM 3,60 für 14 Masch.	1,7
d) <u>Kraftbedarf:</u> <u>Umlaufpumpe:</u> 22 KW bei 80 % = 2,75 KWh a Dpf. 8,0 für 14 Masch.	1,6
<u>Zusatzpumpe:</u> 22 KW bei 80 % = 2,75 KW 7 min Laufzeit/Std. = 0,32 KWh a Dpf. 8,0 für 14 Masch.	0,2
Aufwand je Masch.-Std.	80,3 Dpf.
" " 1 kg Garn	6,7 "

2. Normalanlage

<u>Dampfverbrauch:</u>
<u>Wasserkasteninhalt:</u>
500 l, 15 °C Abkühlung je Std. = 7500 WE

Forschungsberichte des Wirtschafts- und Verkehrsministeriums Nordrhein-Westfalen

```
                                                         Dpf.
                                                      je Masch.Std.
Wasserergänzung:
12 kg Garnprod. x 500 % je Std. = 60 l
60 °C Aufwärmung = 3600 WE
11 100 WE je Masch. = 20 kg Dampf a 1,3 Dpf.            26,0
                    Aufwand je 1 kg Garn                 2,2
         Mehraufwand der Zentralanlage je kg Garn        4,5 Dpf.
```

Der vorstehenden Rechnung nach ist somit mit einem Mehrpreis von rd. DM 0,05 je kg Garn zu rechnen. An der vorgenommenen Gegenüberstellung ist aber mehreres auszusetzen. So ist es klar, daß z.B. auch die bisherige Wasserversorgung und -heizung mit Anlagekosten behaftet ist, selbst wenn diese inzwischen amortisiert sind. Bei einem Vergleich der Anlage- und Betriebskosten hätten sie eigentlich nicht weggelassen werden dürfen. Ferner ist auch im Normalfall für den Nachschub der verbrauchten Flotte Sorge zu tragen, und auch hier entstehen zweifellos, gegebenenfalls nicht direkt erfaßbare Kosten, z.B. für das Hochpumpen des Gebrauchswassers in die üblicherweise in der Spinnerei vorhandenen Hochbehälter.

Somit darf wohl mit Recht gesagt werden, daß die errechneten Mehrkosten für die zentrale Anlage und das Spinnen mit chemischen Zusätzen sich bei einer genauen Gegenüberstellung erheblich verringern. Dazu kommt ein wichtiger Faktor in dem Fortfall bzw. einer erheblichen Einschränkung der bisher in den Naßspinnsälen vorhandenen Entneblungs- und Belüftungsanlagen bei einer Herabsetzung der Spinnbadtemperatur in dem von uns erstrebten und aufgezeigten Ausmaß.

Demnach kann zusammengefaßt gesagt werden, daß von Mehrkosten des neuen Verfahrens auch absolut gesehen, geschweige denn unter Einbeziehung der mit ihr erreichten Vorteile überhaupt nicht gesprochen werden kann.

VI. Zusammenfassung

Frühere Arbeiten des TWB-Bastfaser hatten als Vorteil des <u>Naßspinnens mit chemischen Zusätzen</u> zum Spinnbad eine <u>Verringerung der Fadenbruchhäufigkeit</u> und damit eine Verbesserung des Maschinenwirkungsgrades bzw. die Möglichkeit höherer Abliefergeschwindigkeit ergeben. Naheliegend war weiterhin die Aussicht, mit geringeren Spinnbadtemperaturen auszukommen und durch

Forschungsberichte des Wirtschafts- und Verkehrsministeriums Nordrhein-Westfalen

diese Maßnahme die Arbeitsverhältnisse in den Naßspinnsälen zu verbessern. Um diese Vorteile in der Praxis zu erproben, wurde eine zentrale Spinnwasserversorgungsanlage, an die zunächst sieben Spinnmaschinen angeschlossen wurden, entworfen und in einer Spinnerei errichtet. Diese nach dem Kreislaufprinzip arbeitende und im wesentlichen aus einem Speicher-, einem Absetz- und einem Ansatzbecken für die Zusätze sowie den notwendigen Pumpenanlagen und einem Rohrleitungsnetz bestehende Anlage dient in beschriebener Weise der Gleichhaltung der Flottenkonzentration, der Flottentemperatur und des Wasserstandes in den Spinntrögen.

Eingehende Versuche erwiesen nach der üblichen Einlaufzeit in vollem Ausmaße die Rechtfertigung der an die Anlage geknüpften Erwartungen. Nicht in vollem Umfange gelungen ist die ebenfalls angestrebte völlige Reinhaltung der Wasserkästen von Schwimm- und Sinkstoffen.

Die mit verschiedenen chemischen Zusätzen vorgenommenen Versuche ergaben zunächst einige Schwierigkeiten betriebstechnischer Art, die bei den ursprünglichen Kleinversuchen nicht erkannt werden konnten. Ein einwandfreies Arbeiten ermöglichten die Zusatzmittel "Limanol HF" (Schill & Seilacher, Stuttgart) und "Tensactol A" (Badische Anilin- und Sodafabrik, Ludwigshafen).

Bei Zusatz des letzteren Mittels in einer Konzentration von 0,75 g/l wurde beim Verspinnen von Flachs- und Werggarn eine Verminderung der Fadenbruchhäufigkeit, schwankend von 15 bis 40 % bei 60 - 65 °C Wassertemperatur, gegenüber dem Spinnen ohne Zusatz bei 70 - 80 °C und unter Abschaltung der Maschinen von der Anlage erreicht.

Bei der Herabsetzung der Flottentemperatur auf 35 - 40 °C wurden Verminderungen der Fadenbruchzahlen bis über 30 % festgestellt und anschließend das Spinnen mit Zusätzen und geringer Temperatur unter Ausnützung der zentralen Spinnwasserversorgungsanlage auch im Dauerbetrieb mit zufriedenstellendem Ergebnis erprobt.

Weiteren Versuchen bleibt es vorbehalten, die Frage geeigneter Zusätze und optimaler Konzentrationen zu klären und unter Ausnützung dieser Ergebnisse die Frage der Garnqualität eingehend zu untersuchen. Die bisherigen Versuche mit "Limanol HF" und "Tensactol A" haben in Übereinstimmung mit den früheren Erfahrungen eine Beeinflussung der Festigkeitseigenschaften nicht ergeben. Demgegenüber war eine Tendenz für eine Verringerung der Garndehnung beim Spinnen mit Zusätzen vorhanden, der bei den erwähnten weiteren Versuchen nachgegangen werden muß.

Zusammengefaßt haben die auf das Grundsätzliche gerichteten Großversuche, über die in der vorliegenden Ausarbeitung berichtet wird, <u>eindeutig die sich beim Spinnen mit chemischen Zusätzen unter Ausnutzung einer geeigneten technischen Anlage ergebenden wirtschaftlichen</u> (Erhöhung des Wirkungsgrades bzw. der Spinngeschwindigkeit) <u>und sozialen</u> (Verbesserung der Arbeitsverhältnisse im Naßspinnsaal) <u>Vorteile nachgewiesen</u>.

Eine Zusammenstellung der <u>Anlage- und Betriebskosten</u> ergibt einen geringen Mehrbetrag je kg Garn, der jedoch bei genauer Abwägung der sich andererseits ergebenden Einsparungen, die sich der Kostenrechnung entziehen, als vernachlässigbar anzusehen ist.

Der Spinnerei Vorwärts, Brackwede, haben wir für die verständnisvolle Unterstützung bei den Aufbau- und Versuchsarbeiten unseren besten Dank zu sagen. Die Errichtung der Anlage wurde durch einen Zuschuß des Bundesministeriums für Wirtschaft über das Forschungskuratorium Gesamttextil ermöglicht. Die Versuchsarbeiten selbst unterstützte das Ministerium für Wirtschaft und Verkehr des Landes Nordrhein-Westfalen.

Dipl.-Ing. W. ROHS
Dipl.-Ing. R. OTTO

FORSCHUNGSBERICHTE
DES WIRTSCHAFTS- UND VERKEHRSMINISTERIUMS
NORDRHEIN-WESTFALEN

Herausgegeben von Staatssekretär Prof. Leo Brandt

HEFT 1
Prof. Dr.-Ing. E. Flegler, Aachen
Untersuchungen oxydischer Ferromagnet-Werkstoffe
1952, 20 Seiten, DM 6,75

HEFT 2
Prof. Dr. W. Fuchs, Aachen
Untersuchungen über absatzfreie Teeröle
1952, 32 Seiten, 5 Abb., 6 Tabellen, DM 10,—

HEFT 3
Techn.-Wissenschaftl. Büro für die Bastfaserindustrie, Bielefeld
Untersuchungsarbeiten zur Verbesserung des Leinenwebstuhls
1952, 44 Seiten, 7 Abb., 3 Tabellen, DM 12,50

HEFT 4
Prof. Dr. E. A. Müller und Dipl.-Ing. H. Spitzer, Dortmund
Untersuchungen über die Hitzebelastung in Hüttebetrieben
1952, 28 Seiten, 5 Abb., 1 Tabelle, DM 9,—

HEFT 5
Dipl.-Ing. W. Fister, Aachen
Prüfstand der Turbinenuntersuchungen
1952, 40 Seiten, 30 Abb., 3 Schaltbilder, DM 1,—

HEFT 6
Prof. Dr. W. Fuchs, Aachen
Untersuchungen über die Zusammensetzung und Verwendbarkeit von Schwelteerfraktionen
1952, 36 Seiten, DM 10,50

HEFT 7
Prof. Dr. W. Fuchs, Aachen
Untersuchungen über emsländisches Petrolatum
1952, 36 Seiten, 1 Abb., 17 Tabellen, DM 10,50

HEFT 8
M. E. Meffert und H. Stratmann, Essen
Algen-Großkulturen im Sommer 1951
1953, 52 Seiten, 4 Abb., 20 Tabellen, DM 9,75

HEFT 9
Techn.-Wissenschaftl. Büro für die Bastfaserindustrie, Bielefeld
Untersuchungen über die zweckmäßige Wicklungsart von Leinengarnkreuzspulen unter Berücksichtigung der Anwendung hoher Geschwindigkeiten des Garnes
Vorversuche zum Zetteln und Schären von Leinengarnen auf Hochleistungsmaschinen
1952, 48 Seiten, 7 Abb., 7 Tabellen, DM 9,25

HEFT 10
Prof. Dr. W. Vogel, Köln
„Das Streifenpaar" als neues System zur mechanischen Vergrößerung kleiner Verschiebungen und seine technischen Anwendungsmöglichkeiten
1953, 20 Seiten, 6 Abb., DM 4,50

HEFT 11
Laboratorium für Werkzeugmaschinen und Betriebslehre, Technische Hochschule Aachen
1. Untersuchungen über Metallbearbeitung im Fräsvorgang mit Hartmetallwerkzeugen und negativen Spanwinkel
2. Weiterentwicklung des Schleifverfahrens für die Herstellung von Präzisionswerkstücken unter Vermeidung hoher Temperaturen
3. Untersuchung von Oberflächenveredlungsverfahren zur Steigerung der Belastbarkeit hochbeanspruchter Bauteile
1953, 80 Seiten, 61 Abb., DM 15,75

HEFT 12
Elektrowärme-Institut, Langenberg (Rhld.)
Induktive Erwärmung mit Netzfrequenz
1952, 22 Seiten 6 Abb., DM 5,20

HEFT 13
Techn.-Wissenschaftl. Büro für die Bastfaserindustrie, Bielefeld
Das Naßspinnen von Bastfasergarnen mit chemischen Zusätzen zum Spinnbad
1953, 52 Seiten, 4 Abb., 19 Tabellen, DM 10,—

HEFT 14
Forschungsstelle für Acetylen, Dortmund
Untersuchungen über Aceton als Lösungsmittel für Acetylen
1952, 64 Seiten, 10 Abb., 26 Tabellen, DM 12,25

HEFT 15
Wäschereiforschung Krefeld
Trocknen von Wäschestoffen
1953, 48 Seiten, 14 Abb., 2 Tabellen, DM 9,—

HEFT 16
Max-Planck-Institut für Kohlenforschung, Mülheim a. d. Ruhr
Arbeiten des MPI für Kohlenforschung
1953, 104 Seiten, 9 Abb., DM 17,80

HEFT 17
Ingenieurbüro Herbert Stein, M.-Gladbach
Untersuchung der Verzugsvorgänge in den Streckwerken verschiedener Spinnereimaschinen. 1. Bericht: Vergleichende Prüfung mit verschiedenen Dickenmeßgeräten
1952, 36 Seiten, 15 Abb., DM 8,—

HEFT 18
Wäschereiforschung Krefeld
Grundlagen zur Erfassung der chemischen Schädigung beim Waschen
1953, 68 Seiten, 15 Abb., 15 Tabellen, DM 12,75

HEFT 19
Techn.-Wissenschaftl. Büro für die Bastfaserindustrie, Bielefeld
Die Auswirkung des Schlichtens von Leinengarnketten auf den Verarbeitungswirkungsgrad, sowie die Festigkeit und Dehnungsverhältnisse der Garne und Gewebe
1953, 48 Seiten, 1 Abb., 9 Tabellen, DM 9,—

HEFT 20
Techn.-Wissenschaftl. Büro für die Bastfaserindustrie, Bielefeld
Trocknung von Leinengarnen I
Vorgang und Einwirkung auf die Garnqualität
1953, 62 Seiten, 18 Abb., 5 Tabellen, DM 12,—

HEFT 21
Techn.-Wissenschaftl. Büro für die Bastfaserindustrie, Bielefeld
Trocknung von Leinengarnen II
Spulenanordnung und Luftführung beim Trocknen von Kreuzspulen
1953, 66 Seiten, 22 Abb., 9 Tabellen, DM 13,—

HEFT 22
Techn.-Wissenschaftl. Büro für die Bastfaserindustrie, Bielefeld
Die Reparaturanfälligkeit von Webstühlen
1953, 28 Seiten, 7 Abb., 5 Tabellen, DM 5,80

HEFT 23
Institut für Starkstromtechnik, Aachen
Rechnerische und experimentelle Untersuchungen zur Kenntnis der Metadyne als Umformer von konstanter Spannung auf konstanten Strom
1953, 52 Seiten, 20 Abb., 4 Tafeln, DM 9,75

HEFT 24
Institut für Starkstromtechnik, Aachen
Vergleich verschiedener Generator-Metadyne-Schaltungen in bezug auf statisches Verhalten
1952, 44 Seiten, 23 Abb., DM 8,50

HEFT 25
Gesellschaft für Kohlentechnik mbH., Dortmund-Eving
Struktur der Steinkohlen und Steinkohlen-Kokse
1953, 58 Seiten, DM 11,—

HEFT 26
Techn.-Wissenschaftl. Büro für die Bastfaserindustrie, Bielefeld
Vergleichende Untersuchungen zweier neuzeitlicher Ungleichmäßigkeitsprüfer für Bänder und Garne hinsichtlich ihrer Eignung für die Bastfaserspinnerei
1953, 64 Seiten, 30 Abb., DM 12,50

HEFT 27
Prof. Dr. E. Schratz, Münster
Untersuchungen zur Rentabilität des Arzneipflanzenanbaues Römische Kamille, Anthemis nobilis L.
1953, 16 Seiten, 1 Tabelle, DM 3,60

HEFT 28
Prof. Dr. E. Schratz, Münster
Calendula officinalis L. Studien zur Ernährung, Blütenfüllung und Rentabilität der Drogengewinnung
1953, 24 Seiten, 2 Abb., 3 Tabellen, DM 5,20

HEFT 29
Techn.-Wissenschaftl. Büro für die Bastfaserindustrie, Bielefeld
Die Ausnützung der Leinengarne in Geweben
1953, 100 Seiten, 14 Abb., 10 Tabellen, DM 17,80

HEFT 30
Gesellschaft für Kohlentechnik mbH., Dortmund-Eving
Kombinierte Entaschung und Verschwelung von Steinkohle; Aufarbeitung von Steinkohlenschlämmen zu verkokbarer oder verschwelbarer Kohle
1953, 56 Seiten, 16 Abb., 10 Tabellen, DM 10,50

HEFT 31
Dipl.-Ing. A. Stormanns, Essen
Messung des Leistungsbedarfs von Doppelsteg-Kettenförderern
1954, 54 Seiten, 18 Abb., 3 Anlagen, DM 11,—

HEFT 32
Techn.-Wissenschaftl. Büro für die Bastfaserindustrie, Bielefeld
Der Einfluß der Natriumchloridbleiche auf Qualität und Verwebbarkeit von Leinengarnen und die Eigenschaften der Leinengewebe unter besonderer Berücksichtigung des Einsatzes von Schützen- und Spulenwechselautomaten in der Leinenweberei
1953, 64 Seiten, 2 Abb., 12 Tabellen, DM 11,50

HEFT 33
Kohlenstoffbiologische Forschungsstation e. V.
Eine Methode zur Bestimmung von Schwefeldioxyd und Schwefelwasserstoff in Rauchgasen und in der Atmosphäre
1953, 32 Seiten, 8 Abb., 3 Tabellen, DM 6,50

HEFT 34
Textilforschungsanstalt Krefeld
Quellungs- und Entquellungsvorgänge bei Faserstoffen
1953, 52 Seiten, 13 Abb., 13 Tabellen, DM 9,80

SPRINGER FACHMEDIEN WIESBADEN GMBH

HEFT 35
Professor Dr. W. Kast, Krefeld
Feinstrukturuntersuchungen an künstlichen Zellulosefasern verschiedener Herstellungsverfahren.
Teil 1: Der Orientierungszustand
1953, 74 Seiten, 30 Abb., 7 Tabellen, DM 13,80

HEFT 36
Forschungsinstitut der feuerfesten Industrie, Bonn
Untersuchungen über die Trocknung von Rohton
Untersuchungen über die chemische Reinigung von Silika- und Schamotte-Rohstoffen mit chlorhaltigen Gasen
1953, 60 Seiten, 5 Abb., 5 Tabellen, DM 11,—

HEFT 37
Forschungsinstitut der feuerfesten Industrie, Bonn
Untersuchungen über den Einfluß der Probenvorbereitung auf die Kaltdruckfestigkeit feuerfester Steine
1953, 40 Seiten, 2 Abb., 5 Tabellen, DM 7,80

HEFT 38
Forschungsstelle für Acetylen, Dortmund
Untersuchungen über die Trocknung von Acetylen zur Herstellung von Dissousgas
1953, 36 Seiten, 11 Abb., 3 Tabellen, DM 6,80

HEFT 39
Forschungsgesellschaft Blechverarbeitung e. V., Düsseldorf
Untersuchungen an prägegemusterten und vorgelochten Blechen
1953, 46 Seiten, 34 Abb., DM 9,50

HEFT 40
Landesgeologe Dr.-Ing. W. Wolff, Amt für Bodenforschung, Krefeld
Untersuchungen über die Anwendbarkeit geophysikalischer Verfahren zur Untersuchung von Spateisengängen im Siegerland
1953, 46 Seiten, 8 Abb., DM 8,80

HEFT 41
Techn.-Wissenschaftl. Büro für die Bastfaserindustrie, Bielefeld
Untersuchungsarbeiten zur Verbesserung des Leinenwebstuhles II
1953, 40 Seiten, 4 Abb., 5 Tabellen, DM 7,80

HEFT 42
Professor Dr. B. Helferich, Bonn
Untersuchungen über Wirkstoffe — Fermente — in der Kartoffel und die Möglichkeit ihrer Verwendung
1953, 58 Seiten, 9 Abb., DM 11,—

HEFT 43
Forschungsgesellschaft Blechverarbeitung e. V., Düsseldorf
Forschungsergebnisse über das Beizen von Blechen
1953, 48 Seiten, 38 Abb., 2 Tabellen, DM 11,30

HEFT 44
Arbeitsgemeinschaft für praktische Dehnungsmessung, Düsseldorf
Eigenschaften und Anwendungen von Dehnungsmeßstreifen
1953, 68 Seiten, 43 Abb., 2 Tabellen, DM 13,70

HEFT 45
Losenhausenwerk Düsseldorfer Maschinenbau AG., Düsseldorf
Untersuchungen von störenden Einflüssen auf die Lastgrenzenanzeige von Dauerschwingprüfmaschinen
1953, 36 Seiten, 11 Abb., 3 Tabellen, DM 7,25

HEFT 46
Prof. Dr. W. Fuchs, Aachen
Untersuchungen über die Aufbereitung von Wasser für die Dampferzeugung in Benson-Kesseln
1953, 58 Seiten, 18 Abb., 9 Tabellen, DM 11,20

HEFT 47
Prof. Dr.-Ing. K. Krekeler, Aachen
Versuche über die Anwendung der induktiven Erwärmung zum Sintern von hochschmelzenden Metallen sowie zur Anlegierung und Vergütung von aufgespritzten Metallschichten mit dem Grundwerkstoff
1954, 66 Seiten, 39 Abb., DM 13,90

HEFT 48
Max-Planck-Institut für Eisenforschung, Düsseldorf
Spektrochemische Analyse der Gefügebestandteile in Stählen nach ihrer Isolierung
1953, 38 Seiten, 8 Abb., 5 Tabellen, DM 7,80

HEFT 49
Max-Planck-Institut für Eisenforschung, Düsseldorf
Untersuchungen über Ablauf der Desoxydation und die Bildung von Einschlüssen in Stählen
1953, 52 Seiten, 19 Abb., 3 Tabellen, DM 12,40

HEFT 50
Max-Planck-Institut für Eisenforschung, Düsseldorf
Flammenspektralanalytische Untersuchung der Ferritzusammensetzung in Stählen
1953, 44 Seiten, 15 Abb., 4 Tabellen, DM 8,60

HEFT 51
Verein zur Förderung von Forschungs- und Entwicklungsarbeiten in der Werkzeugindustrie e. V., Remscheid
Untersuchungen an Kreissägeblättern für Holz, Fehler- und Spannungsprüfverfahren
1953, 50 Seiten, 23 Abb., DM 10,—

HEFT 52
Forschungsstelle für Acetylen, Dortmund
Untersuchungen über den Umsatz bei der explosiblen Zersetzung von Azetylen
a) Zersetzung von gasförmigem Azetylen
b) Zersetzung von an Silikagel adsorbiertem Azetylen
1954, 48 Seiten, 8 Abb., 10 Tabellen, DM 9,25

HEFT 53
Professor Dr.-Ing. H. Opitz, Aachen
Reibwert und Verschleißmessungen an Kunststoffgleitführungen für Werkzeugmaschinen
1954, 38 Seiten, 18 Abb., DM 8,20

HEFT 54
Professor Dr.-Ing. F. A. F. Schmidt, Aachen
Schaffung von Grundlagen für die Erhöhung der spez. Leistung und Herabsetzung des spez. Brennstoffverbrauches bei Ottomotoren mit Teilbericht über Arbeiten an einem neuen Einspritzverfahren
1954, 34 Seiten, 15 Abb., DM 7,40

HEFT 55
Forschungsgesellschaft Blechverarbeitung e. V. Düsseldorf
Chemisches Glänzen von Messing und Neusilber
1954, 50 Seiten, 21 Abb., 1 Tabelle, DM 10,20

HEFT 56
Forschungsgesellschaft Blechverarbeitung e. V., Düsseldorf
Untersuchungen über einige Probleme der Behandlung von Blechoberflächen
1954, 52 Seiten, 42 Abb., DM 11,20

HEFT 57
Prof. Dr.-Ing. F. A. F. Schmidt, Aachen
Untersuchungen zur Erforschung des Einflusses des chemischen Aufbaues des Kraftstoffes auf sein Verhalten im Motor und in Brennkammern von Gasturbinen
1954, 70 Seiten, 32 Abb., DM 14,60

HEFT 58
Gesellschaft für Kohlentechnik mbH., Dortmund
Herstellung und Untersuchung von Steinkohlenschwelteer
1954, 74 Seiten, 9 Abb., 9 Tabellen, DM 13,75

HEFT 59
Forschungsinstitut der Feuerfest-Industrie e. V., Bonn
Ein Schnellanalysenverfahren zur Bestimmung von Aluminiumoxyd, Eisenoxyd und Titanoxyd in feuerfestem Material mittels organischer Farbreagenzien auf photometrischem Wege
Untersuchungen des Alkali-Gehaltes feuerfester Stoffe mit dem Flammenphotometer nach Riehm-Lange
1954, 62 Seiten, 12 Abb., 3 Tabellen, DM 11,60

HEFT 60
Forschungsgesellschaft Blechverarbeitung e. V., Düsseldorf
Untersuchungen über das Spritzlackieren im elektrostatischen Hochspannungsfeld
1954, 82 Seiten, 53 Abb., 7 Tabellen, DM 17,—

HEFT 61
Verein zur Förderung von Forschungs- und Entwicklungsarbeiten in der Werkzeugindustrie e. V., Remscheid
Schwingungs- und Arbeitsverhalten von Kreissägeblättern für Holz
1954, 54 Seiten, 31 Abb., DM 11,40

HEFT 62
Professor Dr. W. Franz, Institut für theoretische Physik der Universität Münster
Berechnung des elektrischen Durchschlags durch feste und flüssige Isolatoren
1954, 36 Seiten, DM 7,—

HEFT 63
Textilforschungsanstalt Krefeld
Neue Methoden zur Untersuchung der Wirkungsweise von Textilhilfsmitteln
Untersuchungen über Schlichtungs- und Entschlichtungsvorgänge
1954, 34 Seiten, 1 Abb., 5 Tabellen, DM 6,80

HEFT 64
Textilforschungsanstalt Krefeld
Die Kettenlängenverteilung von hochpolymeren Faserstoffen
Über die fraktionierte Fällung von Polyamiden
1954, 44 Seiten, 13 Abb., DM 8,60

HEFT 65
Fachverband Schneidwarenindustrie, Solingen
Untersuchungen über das elektrolytische Polieren von Tafelmesserklingen aus rostfreiem Stahl
1954, 90 Seiten, 38 Abb., 9 Tabellen, DM 17,35

HEFT 66
Dr.-Ing. P. Füsgen VDI †, Düsseldorf
Untersuchungen über das Auftreten des Ratterns bei selbsthemmenden Schneckengetrieben und seine Verhütung
1954, 32 Seiten, 5 Abb., DM 6,60

HEFT 67
Heinrich Wösthoff o. H. G., Apparatebau, Bochum
Entwicklung einer chemisch-physikalischen Apparatur zur Bestimmung kleinster Kohlenoxyd-Konzentrationen
1954, 94 Seiten, 48 Abb., 2 Tabellen, DM 18,25

HEFT 68
Kohlenstoffbiologische Forschungsstation e. V., Essen
Algengroßkulturen im Sommer 1952
II. Über die unsterile Großkultur von Scenedesmus obliquus
1954, 62 Seiten, 3 Abb., 29 Tabellen, DM 11,40

HEFT 69
Wäschereiforschung Krefeld
Bestimmung des Faserabbaues bei Leinen unter besonderer Berücksichtigung der Leinengarnbleiche
1954, 48 Seiten, 15 Abb., 3 Tabellen, DM 9,60

HEFT 70
Wäschereiforschung Krefeld
Trocknen von Wäschestoffen
1954, 52 Seiten, 18 Abb., 3 Tabellen, DM 10,—

HEFT 71
Prof. Dr.-Ing. K. Leist, Aachen
Kleingasturbinen, insbesondere zum Fahrzeugantrieb
1954, 114 Seiten, 85 Abb., DM 22,—

HEFT 72
Prof. Dr.-Ing. K. Leist, Aachen
Beitrag zur Untersuchung von stehenden geraden Turbinengittern mit Hilfe von Druckverteilungsmessungen
1954, 152 Seiten, 111 Abb., DM 36,20

HEFT 73
Prof. Dr.-Ing. K. Leist, Aachen
Spannungsoptische Untersuchungen von Turbinenschaufelfüßen
1954, 66 Seiten, 46 Abb., 2 Tabellen, DM 14,60

HEFT 74
Max-Planck-Institut für Eisenforschung, Düsseldorf
Versuche zur Klärung des Umwandlungsverhaltens eines sonderkarbidbildenden Chromstahls
1954, 58 Seiten, 10 Abb., 2 Tabellen, DM 14,—

HEFT 75
Max-Planck-Institut für Eisenforschung, Düsseldorf
Zeit-Temperatur-Umwandlungs-Schaubilder als Grundlage der Wärmebehandlung der Stähle
1954, 44 Seiten, 13 Abb., DM 8,70

HEFT 76
Max-Planck-Institut für Arbeitsphysiologie, Dortmund
Arbeitstechnische und arbeitsphysiologische Rationalisierung von Mauersteinen
1954, 52 Seiten, 12 Abb., 3 Tabellen, DM 10,20

HEFT 77
Meteor Apparatebau Paul Schmeck GmbH., Siegen
Entwicklung von Leuchtstoffröhren hoher Leistung
1954, 46 Seiten, 12 Abb., 2 Tabellen, DM 9,15

HEFT 78
Forschungsstelle für Acetylen, Dortmund
Über die Zustandsgleichung des gasförmigen Acetylens und das Gleichgewicht Acetylen — Aceton
1954, 42 Seiten, 3 Abb., 8 Tabellen, DM 8,—

HEFT 79
Techn.-Wissenschaftl. Büro für die Bastfaserindustrie, Bielefeld
Trocknung von Leinengarnen III
Spinnspulen- und Spinnkopstrocknung
Vorgang und Einwirkung auf die Garnqualität
1954, 74 Seiten, 18 Abb., 10 Tabellen, DM 14,—

SPRINGER FACHMEIDEN WIESBADEN GMBH

HEFT 80
Techn.-Wissenschaftl. Büro für die Bastfaserindustrie, Bielefeld
Die Verarbeitung von Leinengarn auf Webstühlen mit und ohne Oberbau
1954, 30 Seiten, 2 Abb., 2 Tabellen, DM 6,—

HEFT 81
Prüf- und Forschungsinstitut für Ziegeleierzeugnisse, Essen-Kray
Die Einführung des großformatigen Einheits-Gitterziegels im Lande Nordrhein-Westfalen
1954, 54 Seiten, 2 Abb., 2 Tabellen, DM 10,—

HEFT 82
Vereinigte Aluminium-Werke AG., Bonn
Forschungsarbeiten auf dem Gebiet der Veredelung von Aluminium-Oberflächen
1954, 46 Seiten, 34 Abb., DM 9,60

HEFT 83
Prof. Dr. S. Strugger, Münster
Über die Struktur der Proplastiden
1954, 30 Seiten, 15 Abb., DM 8,40

HEFT 84
Dr. H. Baron, Düsseldorf
Über Standardisierung von Wundtextilien
1954, 32 Seiten, DM 6,40

HEFT 85
Textilforschungsanstalt Krefeld
Physikalische Untersuchungen an Fasern, Fäden, Garnen und Geweben:
Untersuchungen am Knickscheuergerät nach Weltzien
1954, 40 Seiten, 11 Abb., 8 Tabellen, DM 10,—

HEFT 86
Prof. Dr.-Ing. H. Opitz, Aachen
Untersuchungen über das Fräsen von Baustahl sowie über den Einfluß des Gefüges auf die Zerspanbarkeit
1954, 108 Seiten, 73 Abb., 7 Tabellen, DM 22,—

HEFT 87
Gemeinschaftsausschuß Verzinken, Düsseldorf
Untersuchungen über Güte von Verzinkungen
1954, 68 Seiten, 56 Abb., 3 Tabellen, DM 15,30

HEFT 88
Gesellschaft für Kohlentechnik mbH., Dortmund-Eving
Oxydation von Steinkohle mit Salpetersäure
1954, 62 Seiten, 2 Abb., 1 Tabelle, DM 11,50

HEFT 89
Verein Deutscher Ingenieure, Gleitlagerforschung, Düsseldorf
und Prof. Dr.-Ing. G. Vogelpohl, Göttingen
Versuche mit Preßstoff-Lagern für Walzwerke
1954, 70 Seiten, 34 Abb., DM 14,10

HEFT 90
Forschungs-Institut der Feuerfest-Industrie, Bonn
Das Verhalten von Silikasteinen im Siemens-Martin-Ofengewölbe
1954, 62 Seiten, 15 Abb., 11 Tabellen, DM 11,90

HEFT 91
Forschungs-Institut der Feuerfest-Industrie, Bonn
Untersuchungen des Zusammenhangs zwischen Leistung und Kohlenverbrauch von Kammeröfen zum Brennen von feuerfesten Materialien
1954, 42 Seiten, 6 Abb., DM 8,30

HEFT 92
Techn.-Wissenschaftl. Büro für die Bastfaserindustrie, Bielefeld
und Laboratorium für textile Meßtechnik, M.-Gladbach
Messungen von Vorgängen am Webstuhl
1954, 76 Seiten, 45 Abb., DM 15,50

HEFT 93
Prof. Dr. W. Kast, Krefeld
Spinnversuche zur Strukturerfassung künstlicher Zellulosefasern
1954, 82 Seiten, 39 Abb., 6 Tabellen, DM 16,—

HEFT 94
Prof. Dr. G. Winter, Bonn
Die Heilpflanzen des MATTHIOLUS (1611) gegen Infektionen der Harnwege und Verunreinigung der Wunden bzw. zur Förderung der Wundheilung im Lichte der Antibiotikaforschung
1954, 58 Seiten, 1 Abb., 2 Tabellen, DM 11,50

HEFT 95
Prof. Dr. G. Winter, Bonn
Untersuchungen über die flüchtigen Antibiotika aus der Kapuziner- (Tropaeolum maius) und Gartenkresse (Lepidium sativum) und ihr Verhalten im menschlichen Körper bei Aufnahme von Kapuziner- bzw. Gartenkressensalat per os
1955, 74 Seiten, 9 Abb., 25 Tabellen, DM 14,—

HEFT 96
Dr.-Ing. P. Koch, Dortmund
Austritt von Exoelektronen aus Metalloberflächen unter Berücksichtigung der Verwendung des Effektes für die Materialprüfung
1954, 34 Seiten, 13 Abb., DM 7,—

HEFT 97
Ing. H. Stein, Laboratorium für textile Meßtechnik, M.-Gladbach
Untersuchung der Verzugsvorgänge an den Streckwerken verschiedener Spinnereimaschinen
2. Bericht: Ermittlung der Haft-Gleiteigenschaften von Faserbändern und Vorgarnen
1955, 98 Seiten, 54 Abb., DM 21,—

HEFT 98
Fachverband Gesenkschmieden, Hagen
Die Arbeitsgenauigkeit beim Gesenkschmieden unter Hämmern
1955, 132 Seiten, 55 Abb., 9 Tabellen, DM 24,75

HEFT 99
Prof. Dr.-Ing. G. Garbotz, Aachen
Der Kraft- und Arbeitsaufwand sowie die Leistungen beim Biegen von Bewehrungsstählen in Abhängigkeit von den Abmessungen, den Formen und der Güte der Stähle (Ermittlung von Leistungsrichtlinien)
1955, 136 Seiten, 53 Abb., 3 Anlagen, 18 Tabellen, DM 30,—

HEFT 100
Prof. Dr.-Ing. H. Opitz, Aachen
Untersuchungen von elektrischen Antrieben, Steuerungen und Regelungen an Werkzeugmaschinen
1955, 166 Seiten, 71 Abb., 3 Tabellen, DM 31,30

HEFT 101
Prof. Dr.-Ing. H. Opitz, Aachen
Wirtschaftlichkeitsbetrachtungen beim Außenrundschleifen
1955, 100 Seiten, 56 Abb., 3 Tabellen, DM 19,30

HEFT 102
Dr. P. Hölemann, Ing. R. Hasselmann und Ing. G. Dix, Dortmund
Untersuchungen über die thermische Zündung von explosiblen Acetylenzersetzungen in Kapillaren
1954, 44 Seiten, 5 Abb., 4 Tabellen, DM 8,60

HEFT 103
Prof. Dr. W. Weizel, Bonn
Durchführung von experimentellen Untersuchungen über den zeitlichen Ablauf von Funken in komprimierten Edelgasen sowie zu deren mathematischen Berechnung
1955, 46 Seiten, 12 Abb., DM 9,10

HEFT 104
Prof. Dr. W. Weizel, Bonn
Über den Einfluß der Elektroden auf die Eigenschaften von Cadmium-Sulfid-Widerstands-Photozellen
1955, 48 Seiten, 12 Abb., DM 9,45

HEFT 105
Dr.-Ing. R. Meldau, Harsewinkel/Westf.
Auswertung von Gekörn — Analysen des Musterstaubes „Flugasche Fortuna I"
1955, 42 Seiten, 14 Abb., DM 8,50

HEFT 106
ORR. Dr.-Ing. W. Küch, Dortmund
Untersuchungen über die Einwirkung von feuchtigkeitsgesättigter Luft auf die Festigkeit von Leimverbindungen
1954, 60 Seiten, 10 Abb., 6 Tabellen, DM 11,40

HEFT 107
Prof. Dr. H. Lange und Dipl.-Phys. P. St. Pütter, Köln
Über die Konstruktion von Laboratoriumsmagneten
1955, 66 Seiten, 19 Abb., 1 Tabelle, DM 12,30

HEFT 108
Prof. Dr. W. Fuchs, Aachen
Untersuchungen über neue Beizmethoden und Beizabwässer
I. Die Entzunderung von Drähten mit Natriumhydrid
II. Die Aufbereitung von Beizabwässern
1955, 82 Seiten, 15 Abb., 14 Tabellen, 1 Falttafel, DM 15,25

HEFT 109
Dr. P. Hölemann und Ing. R. Hasselmann, Dortmund
Untersuchungen über die Löslichkeit von Azetylen in verschiedenen organischen Lösungsmitteln
1954, 42 Seiten, 10 Abb., 8 Tabellen, DM 8,30

HEFT 110
Dr. P. Hölemann und Ing. R. Hasselmann, Dortmund
Untersuchungen über den Druckverlauf bei der explosiblen Zersetzung von gasförmigem Azetylen
1955, 54 Seiten, 10 Abb., 5 Tabellen, DM 11,—

HEFT 111
Fachverband Steinzeugindustrie, Köln
Die Entwicklung eines Gerätes zur Beschickung seitlicher Feuer von Steinzeug-Einzelkammeröfen mit festen Brennstoffen
1955, 46 Seiten, 16 Abb., DM 9,40

HEFT 112
Prof. Dr.-Ing. H. Opitz, Aachen
Verschleißmessungen beim Drehen mit aktivierten Hartmetallwerkzeugen
1954, 44 Seiten, 17 Abb., 6 Tabellen, DM 8,80

HEFT 113
Prof. Dr. O. Graf, Dortmund
Erforschung der geistigen Ermüdung und nervösen Belastung: Studien über die vegetative 24-Stunden-Rhythmik in Ruhe und unter Belastung
1955, 40 Seiten, 12 Abb., DM 8,20

HEFT 114
Prof. Dr. O. Graf, Dortmund
Studien über Fließarbeitsprobleme an einer praxisnahen Experimentieranlage
1954, 34 Seiten, 6 Abb., DM 7,—

HEFT 115
Prof. Dr. O. Graf, Dortmund
Studium über Arbeitspausen in Betrieben bei freier und zeitgebundener Arbeit (Fließarbeit) und ihre Auswirkung auf die Leistungsfähigkeit
1955, 50 Seiten, 13 Abb., 2 Tabellen, DM 9,80

HEFT 116
Prof. Dr.-Ing. E. Siebel und Dr.-Ing. H. Weiss, Stuttgart
Untersuchungen an einigen Problemen des Tiefziehens — I. Teil
1955, 74 Seiten, 50 Abb., 5 Tabellen, DM 14,50

HEFT 117
Dr.-Ing. H. Beißwänger, Stuttgart, und Dr.-Ing. S. Schwandt, Trier
Untersuchungen an einigen Problemen des Tiefziehens — II. Teil
1955, 92 Seiten, 34 Abb., 8 Tabellen, DM 17,70

HEFT 118
Prof. Dr. E. A. Müller und Dr. H. G. Wenzel, Dortmund
Neuartige Klima-Anlage zur Erzeugung ungleicher Luft- und Strahlungstemperaturen in einem Versuchsraum
1955, 68 Seiten, 10 z. T. mehrfarb. Abb., DM 14,—

HEFT 119
Dr.-Ing. O. Viertel, Krefeld
Wäscherei- und energietechnische Untersuchung einer Gemeinschafts-Waschanlage
1955, 50 Seiten, 18 Abb., DM 10,20

HEFT 120
Dipl.-Ing. A. Weisbecker, Lüdenscheid
Über Anfressung an Reinstaluminium-Schweißnähten bei der elektrolytischen Oxydation
Gebr. Hörstermann GmbH., Velbert
Entwicklung und Erprobung eines neuartigen Gummibandförderers
1955, 46 Seiten, 18 Abb., DM 9,70

HEFT 121
Dr. H. Krebs, Bonn
I. Die Struktur und die Eigenschaften der Halbmetalle
II. Die Bestimmung der Atomverteilung in amorphen Substanzen
III. Die chemische Bindung in anorganischen Festkörpern und das Entstehen metallischer Eigenschaften
1955, 124 Seiten, 36 Abb., 13 Tabellen, DM 22,90

HEFT 122
Prof. Dr. W. Fuchs, Aachen
Untersuchungen zur Verbesserung der Wasseraufbereitung und Wasseranalyse:
Über die Schnellbewertung von Ionenaustauscher
1955, 62 Seiten, 32 Abb., DM 12,30

HEFT 123
Dipl.-Ing. J. Emondts, Aachen
Über Bodenverformungen bei stark gestörtem und mächtigem, wasserführendem Deckgebirge im Aachener Steinkohlengebiet
1955, 196 Seiten, 37 Abb., 10 Tabellen, DM 28,80

HEFT 124
Prof. Dr. R. Seyffert, Köln
Wege und Kosten der Distribution der Hausratwaren im Lande Nordrhein-Westfalen
1955, 74 Seiten, 25 Tabellen, DM 9,—

SPRINGER FACHMEDIEN WIESBADEN GMBH

HEFT 125
Prof. Dr. E. Kappler, Münster
Eine neue Methode zur Bestimmung von Kondensations-Koeffizienten von Wasser
1955, 46 Seiten, 11 Abb., 1 Tabelle, DM 9,10

HEFT 126
Prof. Dr.-Ing. J. Mathieu, Aachen
Arbeitszeitvergleich
Grundlagen, Methodik und praktische Durchführung
1955, 70 Seiten, DM 13,—

HEFT 127
Güteschutz Betonstein e. V.,
Arbeitskreis Nordrhein-Westfalen, Dortmund
Die Betonwaren-Gütesicherung im Lande Nordrhein-Westfalen
1955, 58 Seiten, 15 Abb., 3 Tabellen, DM 11,50

HEFT 128
Prof. Dr. O. Schmitz-DuMont, Bonn
Untersuchungen über Reaktionen in flüssigem Ammoniak
1955, 96 Seiten, 11 Abb., 6 Tabellen, DM 17,75

HEFT 129
Prof. Dr.-Ing. J. Mathieu und Dr. C. A. Roos,
Aachen
Die Anlernung von Industriearbeitern
I. Ergebnisse einer grundsätzlichen Untersuchung der gegenwärtigen Industriearbeiter-Kurzanlernung
1955, 106 Seiten, DM 19,70

HEFT 130
Prof. Dr.-Ing. J. Mathieu und Dr. C. A. Roos,
Aachen
Die Anlernung von Industriearbeitern
II. Beiträge zur Methodenfrage der Kurzanlernung
1955, 108 Seiten, DM 19,90

HEFT 131
Dr. W. Hoerburger, Köln
Versuche zur Biosynthese von Eiweiß aus Kohlenwasserstoff
1955, 34 Seiten, 2 Abb., DM 6,90

HEFT 132
Prof. Dr. W. Seith, Münster
Über Diffusionserscheinungen in festen Metallen
1955, 42 Seiten, 19 Abb., 4 Tabellen, DM 9,10

HEFT 133
Prof. Dr. E. Jenckel, Aachen
Über einen für Schwermetalle selektiven Ionenaustauscher
1955, 48 Seiten, 8 Abb., 13 Tabellen, DM 9,50

HEFT 134
Prof. Dr.-Ing. H. Winterhager, Aachen
Über die elektrochemischen Grundlagen der Schmelzfluß-Elektrolyse von Bleisulfid in geschmolzenen Mischungen mit Bleichlorid
1955, 54 Seiten, 20 Abb., 5 Tabellen, DM 11,80

HEFT 135
Prof. Dr.-Ing. K. Krekeler und Dr.-Ing. H. Peukert,
Aachen
Die Änderung der mechanischen Eigenschaften thermoplastischer Kunststoffe durch Warmrecken
1955, 54 Seiten, 27 Abb., DM 11,10

HEFT 136
Dipl.-Phys. P. Pilz, Remscheid
Über spezielle Probleme der Zerkleinerungstechnik von Weichstoffen
1955, 58 Seiten, 19 Abb., 2 Tabellen, DM 11,50

HEFT 137
Prof. Dr. W. Baumeister, Münster
Beiträge zur Mineralstoffernährung der Pflanzen
1955, 64 Seiten, 6 Tabellen, DM 11,80

HEFT 138
Dr. P. Hölemann und Ing. R. Hasselmann, Dortmund
Untersuchungen über die Zersetzungswärme von gasförmigem und in Azeton gelöstem Azetylen
1955, 54 Seiten, 8 Abb., 7 Tabellen, DM 10,40

HEFT 139
Prof. Dr. W. Fuchs, Aachen
Studien über die thermische Zersetzung der Kohle und die Kohlendestillatprodukte
1955, 80 Seiten, 20 Abb., 22 Tabellen, DM 11,80

HEFT 140
Dr.-Ing. G. Hausberg, Essen
Modellversuche an Zyklonen
1955, 78 Seiten, 24 Abb., DM 15,70

HEFT 141
Dr. J. van Calker und Dr. R. Wienecke, Münster
Untersuchungen über den Einfluß dritter Analysenpartner auf die spektrochemische Analyse
1955, 42 Seiten, 15 Abb., DM 9,10

HEFT 142
Dipl.-Ing. G. M. F. Wiebel, Hannover, A. Konermann und A. Ottenheym, Sennelager
Entwicklung eines Kalksandleichtsteines
1955, 38 Seiten, 4 Abb., DM 8,—

HEFT 143
Prof. Dr. F. Wever, Dr. A. Rose und Dipl.-Ing.
W. Straßburg, Düsseldorf
Härtbarkeit und Umwandlungsverhalten der Stähle
1955, 50 Seiten, 12 Abb., 3 Tabellen, DM 10,70

HEFT 144
Prof. Dr. H. Wurmbach, Bonn
Steuerung von Wachstum und Formbildung
1955, 48 Seiten, 19 Abb., DM 10,30

HEFT 145
Dr. G. Hennemann, Werdohl (Westf.)
Beitrag zur Interpretation der modernen Atomphysik
1955, 34 Seiten, DM 10,—

HEFT 146
Dr.-Ing. F. Gruß, Düsseldorf
Sterilisation mit Heißluft
1955, 34 Seiten, 10 Abb., DM 7,70

HEFT 147
Dr.-Ing. W. Rudisch, Unna
Untersuchung einer drehelastischen Elektromagnet-Synchronkupplung
1955, 82 Seiten, 65 Abb., DM 17,70

HEFT 148
Prof. Dr. H. Bittel u. Dipl.-Phys. L. Storm, Münster
Untersuchungen über Widerstandsrauschen
1955, 40 Seiten, 5 Abb., DM 8,40

HEFT 149
Dipl.-Ing. K. Konopicky und Dipl.-Chem.
P. Kampa, Bonn
I. Beitrag zur flammenphotometrischen Bestimmung des Calciums.
Dr.-Ing. K. Konopicky, Bonn
II. Die Wanderung von Schlackenbestandteilen in feuerfesten Baustoffen
1955, 54 Seiten, 10 Abb., 5 Tabellen, DM 11,—

HEFT 150
Prof. Dr.-Ing. O. Kienzle und Dipl.-Ing. W. Timmerbeil, Hannover
Das Durchziehen enger Kragen an ebenen Fein- und Mittelblechen
1955, 52 Seiten, 20 Abb., 8 Tabellen, DM 11,30

HEFT 151
Dipl.-Ing. P. Karabasch, Aachen
Feststellung des optimalen Gasgehaltes von Bronzen zur Erzielung druckdichter Gußstücke
1956, 64 Seiten, 31 Abb., 5 Tabellen, DM 13,90

HEFT 152
Dipl.-Ing. G. Müller, Köln
Ermittlung der Laufeigenschaften (Vergießbarkeit) von Bronze und Rotguß mittels der Schneider-Gießspirale
1955, 60 Seiten, 33 Abb., DM 13,30

HEFT 153
Prof. Dr. F. Wever, Dr.-Ing. W. A. Fischer und Dipl.-Ing. J. Engelbrecht, Düsseldorf
I. Die Reduktion sauerstoffhaltiger Eisenschmelzen im Hochvakuum mit Wasserstoff und Kohlenstoff
II. Einfluß geringer Sauerstoffgehalte auf das Gefüge und Alterungsverhalten von Reineisen
1955, 54 Seiten, 15 Abb., 2 Tabellen, DM 12,40

HEFT 154
Prof. Dr.-Ing. P. Bardenheuer und
Dr.-Ing. W. A. Fischer, Düsseldorf
Die Verschlackung von Titan aus Stahlschmelzen im sauren und basischen Hochfrequenzofen unter verschiedenen Schlacken
1955, 36 Seiten, 10 Abb., 1 Tabelle, DM 7,95

HEFT 155
Dipl.-Phys. K. H. Schirmer, München
Die auf Grau abgestimmte Farbwiedergabe im Dreifarbenbuchdruck
1955, 46 Seiten, 17 Abb., 2 Farbtafeln, DM 10,—

HEFT 156
Prof. Dr.-Ing. B. von Borries und Mitarbeiter,
Düsseldorf
Die Entwicklung regelbarer permanentmagnetischer Elektronenlinsen hoher Brechkraft und eines mit ihnen ausgerüsteten Elektronenmikroskopes neuer Bauart
1956, 102 Seiten, 52 Abb., DM 22,55

HEFT 157
Dr. W. Jawtusch, Dr. G. Schuster und
Prof. Dr.-Ing. R. Jaeckel, Bonn
Untersuchungen über die Stoßvorgänge zwischen neutralen Atomen und Molekülen
1955, 48 Seiten, 15 Abb., 3 Tabellen, DM 10,50

HEFT 158
Dipl.-Ing. W. Rosenkranz, Meinerzhagen
Ein Beitrag zum Problem der Spannungskorrosion bei Preßprofilen und Preßteilen aus Aluminium-Legierungen
1956, 112 Seiten, 61 Abb., 5 Tabellen, DM 27,40

HEFT 159
Dr.-Ing. O. Viertel und O. Oldenroth, Krefeld
Das Bleichen von Weißwäsche mit Wasserstoffsuperoxyd bzw. Natriumhypochlorit beim maschinellen Waschen
1955, 54 Seiten, 23 Abb., 2 Tabellen, DM 11,45

HEFT 160
Prof. Dr. W. Klemm, Münster
Über neue Sauerstoff- und Fluor-haltige Komplexe
1955, 50 Seiten, 13 Abb., 7 Tabellen, DM 10,80

HEFT 161
Prof. Dr. W. Weltzien und Dr. G. Hauschild,
Krefeld
Über Silikone und ihre Anwendung in der Textilveredlung
1955, 162 Seiten, 22 Abb., 10 Tabellen, DM 27,—

HEFT 162
Prof. Dr. F. Wever, Prof. Dr. A. Kochendörfer und Dr.-Ing. Chr. Rohrbach, Düsseldorf
Kennzeichnung der Sprödbruchneigung von Stählen durch Messung der Fließspannung, Reißspannung und Brucheinschnürung an dreiachsig beanspruchten Proben
1955, 58 Seiten, 26 Abb., DM 13,—

HEFT 163
Dipl.-Ing. W. Rohs und Text.-Ing. H. Griese,
Bielefeld
Untersuchungsarbeiten zur Verbesserung des Leinenwebstuhls III
1955, 80 Seiten, 15 Abb., 18 Tabellen, DM 15,80

HEFT 164
Dr.-Ing. H. Schmachtenberg, Köln
Neuartige Prüfeinrichtungen für Kraftfahrzeuge
1955, 44 Seiten, 23 Abb., DM 9,60

HEFT 165
Dr.-Ing. W. Wilhelm, Aachen
Instationäre Gasströmung im Auspuffsystem eines Zweitaktmotors
1955, 62 Seiten, 31 Abb., 8 Tabellen, DM 13,60

HEFT 166
Prof. Dr. M. v. Stackelberg, Dr. H. Heindze,
Dr. H. Hübschke und Dr. K. H. Frangen, Bonn
Kolloidchemische Untersuchungen
1955, 106 Seiten, 8 Abb., 13 Tabellen, DM 21,25

HEFT 167
Prof. Dr.-Ing. F. Schuster, Essen
I. Über die Heißkarburierung von Brenngasen mit Ölen und Teeren
II. Die Strahlungsvorgänge in brennstoffbeheizten Öfen bei verschiedenen Verbrennungsatmosphären
1955, 38 Seiten, 8 Abb., DM 8,30

HEFT 168
Prof. Dr.-Ing. F. Schuster, Essen
I. Luftvorwärmung an Gasfeuerungen
II. Heizwerthöhe von Brenngasen und Wirkungsgrad sowie Gasverbrauch bei der Gasverwendung
III. Sauerstoffangereicherte Luft und feuerungstechnische Kenngrößen von Brenngasen
1955, 60 Seiten, 18 Abb., DM 12,50

HEFT 169
Forschungsinstitut für Pigmente und Lacke, Stuttgart
Arbeiten über die Bestimmung des Gebrauchswertes von Lackfilmen durch physikalische Prüfungen
1955, 70 Seiten, 23 Abb., 4 Tabellen, DM 15,—

HEFT 170
Prof. Dr. F. Wever, Dr. A. Rose und
Dipl.-Ing. L. Rademacher, Düsseldorf
Anwendung der Umwandlungsschaubilder auf Fragen der Werkstoffauswahl beim Schweißen und Flammhärten
1955, 64 Seiten, 25 Abb., DM 13,70

SPRINGER FACHMEIDEN WIESBADEN GMBH

HEFT 171
Wäschereiforschung Krefeld
Untersuchung der Wäscheentwässerung mit Hilfe von Zentrifugen und Pressen
1955, 42 Seiten, 16 Abb., 4 Tabellen, DM 9,70

HEFT 172
Dipl.-Ing. W. Rohs, Dr.-Ing. G. Satlow und Text.-Ing. G. Heller, Bielefeld
Trocknung von Hanfgarnen. Kreuzspultrocknung
1955, 60 Seiten, 7 Abb., 4 Tabellen, DM 10,30

HEFT 173
Prof. Dr. R. Hosemann und Dipl.-Phys. G. Schoknecht, Berlin, vorgelegt von Prof. Dr. W. Kast, Krefeld
Lichtoptische Herstellung und Diskussion der Faltungsquadrate parakristalliner Gitter
1956, 108 Seiten, 63 Abb., 6 Tabellen, DM 24,70

HEFT 174
Prof. Dr. W. von Fragstein, Dr. J. Meingast und H. Hoch, Köln
Herstellung von Solen einheitlicher Teilchengröße und Ermittlung ihrer optischen Eigenschaften
1955, 78 Seiten, 80 Abb., 4 Tabellen, DM 18,25

HEFT 175
Dr.-Ing. H. Zeller, Aachen
Beitrag zur eindimensionalen stationären und nichtstationären Gasströmung mit Reibung und Wärmeleitung insbesondere in Rohren mit unstetigen Querschnittsänderungen
1956, 138 Seiten, 56 Abb., DM 29,30

HEFT 176
Dipl.-Ing. H. Schöberl, Duisburg
Über die Methoden zur Ermittlung der Verbrennungstemperatur von Brennstoffen und ein Vorschlag zu ihrer Verbesserung
1955, 30 Seiten, 3 Abb., DM 6,50

HEFT 177
Dipl.-Ing. H. Stüdemann, Solingen, und Dr.-Ing. W. Müchler, Essen
Entwicklung eines Verfahrens zur zahlenmäßigen Bestimmung der Schneideigenschaften von Messerklingen
1956, 104 Seiten, 68 Abb., 4 Tabellen, DM 22,20

HEFT 178
Prof. Dr. M. von Stackelberg u. Dr. W. Hans, Bonn
Untersuchungen zur Ausarbeitung und Verbesserung von polarographischen Analysenmethoden
1955, 46 Seiten, 14 Abb., DM 10,50

HEFT 179
Dipl.-Ing. H. F. Reineke, Bochum
Entwicklungsarbeiten auf dem Gebiete der Meß- und Regeltechnik
1955, 46 Seiten, 10 Abb., DM 10,—

HEFT 180
Dr.-Ing. W. Piepenburg, Dipl.-Ing. B. Bühling und Bauing. J. Behnke, Köln
Putzarbeiten im Hochbau und Versuche mit aktiviertem Mörtel und mechanischem Mörtelauftrag
1955, 116 Seiten, 31 Abb., 68 Tabellen, DM 23,—

HEFT 181
Prof. Dr. W. Franz, Münster
Theorie der elektrischen Leitvorgänge in Halbleitern und isolierenden Festkörpern bei hohen elektrischen Feldern
1955, 28 Seiten, 2 Abb., 1 Tabelle, DM 6,20

HEFT 182
Dr.-Ing. P. Schenk u. Dr. K. Osterloh, Düsseldorf
Katalytisch-thermische Spaltung von gasförmigen und flüssigen Kohlenwasserstoffen zur Spitzengaserzeugung
1955, 50 Seiten, 11 Abb., 11 Tabellen, DM 10,90

HEFT 183
Dr. W. Bornheim, Köln
Entwicklungsarbeiten an Flaschen- und Ampullen-Behandlungsmaschinen für die pharmazeutische Industrie
1956, 48 Seiten, 24 Abb., DM 11,70

HEFT 184
Dr.-Ing. E. Printz, Kettwig
Vollhydraulische Parallel-Kupplung für Ackerschlepper
1955, 32 Seiten, 4 Abb., DM 7,80

HEFT 185
Dipl.-Ing. W. Rohs und Text.-Ing. G. Heller, Bielefeld
Studien an einem neuzeitlichen Kreuzspultrockner für Bastfasergarne mit Wiederbefeuchtungszone
1955, 52 Seiten, 9 Abb., 3 Tabellen, DM 10,70

HEFT 186
Dr. E. Wedekind, Krefeld
Untersuchungen zur Arbeitsbestgestaltung bei der Fertigstellung von Oberhemden in gewerblichen Wäschereien
1955, 124 Seiten, 28 Abb., 6 Tabellen, 2 Falttaf., DM 12,—

HEFT 187
Dipl.-Ing. F. Göttgens, Essen
Über die Eigenarten der Bimetall-, Thermo- und Flammenionisationssicherungsmethode in ihrer Anwendung auf Zündsicherungen
1955, 40 Seiten, 6 Abb., 4 Tabellen, DM 8,40

HEFT 188
W. Kinnebrock, Langenberg (Rhld.)
Der Einfluß des Austausches gleicher Gaskochbrenner bzw. Gaskochbrennerteile auf den Wirkungsgrad und insbesondere auf den CO-Gehalt der Verbrennungsgase
1955, 42 Seiten, 7 Abb., DM 8,70

HEFT 189
Fa. E. Leybold's Nachfolger, Köln
I. Ausgewählte Kapitel aus der Vakuumtechnik
II. Zum Verlust anorganisch-nichtflüchtiger Substanzen während der Gefriertrocknung
1955, 52 Seiten, 16 Abb., 3 Tabellen, DM 11,20

HEFT 190
Prof. Dr. A. Neuhaus, Prof. Dr. O. Schmitz-DuMont und Dipl.-Chem. H. Reckhard, Bonn
Zur Kenntnis der Alkalititanate
1955, 60 Seiten, 13 Abb., 1 Tabelle, DM 12,20

HEFT 191
Dr. W. Söhngen, Darmstadt
Schwingungsverhalten eines Schaufelkranzes im Vakuum
1955, 36 Seiten, 7 Abb., DM 7,80

HEFT 192
Dipl.-Phys. E. M. Schneider, München
Kohlebogenlampen für Aufnahme und Kopie
1955, 48 Seiten, 21 Abb., 3 Tabellen, DM 10,60

HEFT 193
Prof. Dr. O. Schmitz-DuMont, Bonn
Untersuchungen über neue Pigmentfarbstoffe
1956, 50 Seiten, 16 Abb., 8 Tabellen, DM 11,20

HEFT 194
Dr. K. Hecht, Köln
Entwicklung neuartiger physikalischer Unterrichtsgeräte
1955, 42 Seiten, 16 Abb., DM 9,90

HEFT 195
Dr.-Ing. E. Rößger, Köln
Gedanken über einen neuen deutschen Luftverkehr
1955, 342 Seiten, 29 Abb., 122 Tabellen, DM 50,—

HEFT 196
Dipl.-Ing. W. Rohs, und Text.-Ing. H. W. Griese, Bielefeld
Auswirkungen von Garnfehlern bei der Verarbeitung von Leinengarnen
1955, 36 Seiten, 3 Abb., 6 Tabellen, DM 7,80

HEFT 197
Dr. E. Wedekind, Krefeld
Untersuchungen zur Bestimmung der optimalen Arbeitsplatzgröße bei Mehrstuhlarbeit in der Weberei
1955, 92 Seiten, 34 Abb., 6 Tabellen, DM 18,50

HEFT 198
Prof. Dr. J. Weissinger, Karlsruhe
Zur Aerodynamik des Ringflügels. Die Druckverteilung dünner, fast drehsymmetrischer Flügel in Unterschallströmung
1955, 42 Seiten, 5 Abb., DM 9,—

HEFT 199
Textilforschungsanstalt Krefeld
Die Messung von Gewebetemperaturen mittels Temperaturstrahlung
1955, 50 Seiten, 12 Abb., DM 10,90

HEFT 200
R. Seipenbusch, Langenberg (Rhld.)
Spitzengas durch Zusatz von Flüssiggas-Wassergas- und Flüssiggas-Generatorgas-Gemischen zu Stadtgas
1955, 48 Seiten, 21 Tabellen, DM 10,35

HEFT 201
Dr.-Ing. E. W. Pleines, Frankfurt/Main
Die Sicherheit im Luftverkehr
1956, 194 Seiten, 39 Abb., 19 Tabellen, DM 39,45

HEFT 202
Dipl.-Ing. D. Fiecke, Stuttgart/Zuffenhausen
Die Bestimmung der Flugzeugpolaren für Entwurfszwecke. I. Teil: Unterlagen
in Vorbereitung

HEFT 203
Dr. G. Wandel, Bonn
Uferbewachsung und Lebendverbauung an den Nordwestdeutschen Kanälen und ihren Zuflüssen sowie an der Ruhr
in Vorbereitung

HEFT 204
Dipl.-Ing. B. Naendorf, Langenberg (Rhld.)
Bestimmung der Brenneigenschaften und des Brennverhaltens verschiedener Gasarten und Einfluß verschiedener Düsengestaltung
1955, 32 Seiten, DM 7,10

HEFT 205
Dr. C. Schaarwächter, Düsseldorf
Über plastische Kupfer-Eisen-Phosphor-Legierungen
1956, 36 Seiten, 10 Abb., 10 Tabellen, DM 8,30

HEFT 206
Dr. P. Hölemann, Ing. R. Hasselmann und Ing. G. Dix, Dortmund
Untersuchungen über die Vorgänge bei der Zersetzung von in Azeton gelöstem Azetylen
1956, 74 Seiten, 7 Abb., 7 Tabellen, DM 15,55

HEFT 207
Prof. Dr.-Ing. H. Opitz, Dipl.-Ing. K. H. Fröhlich und Dipl.-Ing. H. Siebel, Aachen
Richtwerte für das Fräsen von unlegierten und legierten Baustählen mit Hartmetall. I. Teil
in Vorbereitung

HEFT 208
Prof. Dr.-Ing. H. Müller, Essen
Untersuchung von Elektrowärmegeräten für Laienbedienung hinsichtlich Sicherheit und Gebrauchsfähigkeit. I. Untersuchungen an Kochplatten
in Vorbereitung

HEFT 209
Dr. K. Bunge, Leverkusen
Materialabbau in Funkenentladungen. Untersuchungen an Zinkkathoden
1956, 54 Seiten, 10 Abb., 5 Tabellen, DM 11,40

HEFT 210
Dr. W. Porschen und Prof. Dr. W. Riezler, Bonn
Langlebige Alphaaktivitäten bei natürlichen Elementen
1955, 40 Seiten, 5 Abb., 4 Tabellen, DM 8,80

HEFT 211
Prof. Dipl.-Ing. W. Sturtzel und Dr.-Ing. W. Graff, Duisburg
Die Versuchsanstalt für Binnenschiffbau, Duisburg
1956, 48 Seiten, 22 Abb., DM 11,—

HEFT 212
Dipl.-Ing. H. Spodig, Selm
Untersuchung zur Anwendung der Dauermagnete in der Technik
1955, 44 Seiten, 25 Abb., DM 9,80

HEFT 213
Dipl.-Ing. K. F. Rittinghaus, Aachen
Zusammenstellung eines Meßwagens für Bau- und Raumakustik
in Vorbereitung

HEFT 214
Dr.-Ing. J. Endres, München
Berechnung der optimalen Leistungen, Kraftstoffverbräuche und Wirkungsgrade von Einkreis-Turbolader-Strahltriebwerken am Boden und in der Höhe bei Fluggeschwindigkeiten von 0—2000 km/h
1956, 72 Seiten, 18 Abb., 8 Tabellen, DM 15,40

HEFT 215
Prof. Dr.-Ing. H. Opitz und Dr.-Ing. G. Weber, Aachen
Einfluß der Wärmebehandlung von Baustählen auf Spanentstehung, Schnittkraft- und Standzeitverhalten
in Vorbereitung

HEFT 216
Dr. E. Kloth, Köln
Untersuchungen über die Ausbreitung kurzer Schallimpulse bei der Materialprüfung mit Ultraschall
1956, 90 Seiten, 60 Abb., 4 Tabellen, DM 19,40

HEFT 217
Rationalisierungskuratorium der Deutschen Wirtschaft (RKW), Frankfurt/Main
Typenvielzahl bei Haushaltgeräten und Möglichkeiten einer Beschränkung
1956, 328 Seiten, 2 Abb., 181 Tabellen, DM 49,50

HEFT 218
Dr. F. Keune, Aachen
Bericht über eine Theorie der Strömung um Rotationskörper ohne Anstellung bei Machzahl Eins
1955, 40 Seiten, 8 Abb., 5 Formelblätter, DM 8,80

HEFT 219
Prof. Dr. W. Fuchs, Aachen
Untersuchungen zur Holzabfallverwertung und zur Chemie des Lignins
1955, 54 Seiten, 11 Abb., 15 Tabellen, DM 11,40

SPRINGER FACHMEIDEN WIESBADEN GMBH

HEFT 220
Prof. Dr. W. Fuchs, Aachen
Die Entwicklung neuer Regel- und Kontroll-Apparate zur coulometrischen Analyse
1956, 76 Seiten, 17 Abb., 23 Tabellen, DM 15,50

HEFT 221
Dr. W. Meyer-Eppler, Bonn
Experimentelle Untersuchungen zum Mechanismus von Stimme und Gehör in der lautsprachlichen Kommunikation
1955, 56 Seiten, 24 Abb., DM 13,45

HEFT 222
Dr. L. Köllner, Münster, und Dipl.-Volkswirt M. Kaiser, Bochum
Die internationale Wettbewerbsfähigkeit der westdeutschen Wollindustrie
1956, 214 Seiten, DM 39,50

HEFT 223
Dr.-Ing. K. Alberti und Dr. F. Schwarz, Köln
Über das Problem Hartbrand - Weichbrand
1956, 54 Seiten, 25 Abb., 14 Tabellen, DM 12,10

HEFT 224
Dipl.-Ing. H. Stüdeman und Ing. R. Beu, Solingen
Verfahren zur Prüfung der Korrosionsbeständigkeit von Messerklingen aus rostfreiem Stahl
1956, 82 Seiten, 28 Abb., DM 16,90

HEFT 225
Dr.-Ing. E. Barz, Remscheid
Der Spannungszustand von Gattersägeblättern
in Vorbereitung

HEFT 226
Technisch-wissenschaftliches Büro für die Bastfaserindustrie, Bielefeld
Untersuchungen zur Verbesserung des Leinenwebstuhles IV
Die Wirkung verschiedener Kettbaumbremsen auf die Verwebung von Leinengarnen
1956, 64 Seiten, 9 Abb., 4 Tabellen, DM 13,50

HEFT 227
Prof. Dr. F. Wever, Düsseldorf und Dr. W. Wepner, Köln
Untersuchung der Alterungsneigung von weichen unlegierten Stählen durch Härteprüfung bei Temperaturen bis 300 Grad C
1956, 34 Seiten, 20 Abb., 3 Tabellen, DM 7,95

HEFT 228
Prof. Dr. F. Wever, Dr. W. Koch, Düsseldorf und Dr. B. A. Steinkopf, Dortmund
Spektrochemische Grundlagen der Analyse von Gemischen aus Kohlenmonoxyd, Wasserstoff und Stickstoff
in Vorbereitung

HEFT 229
Prof. Dr. F. Wever, Dr. W. Koch und Dr.-Ing. H. Malissa, Düsseldorf
Über die Anwendung disubstituierter Dithiocarbamate der analytischen Chemie
1956, 44 Seiten, 30 Abb., 5 Tabellen, DM 10,50

HEFT 230
Prof. Dr. F. Wever, Düsseldorf und Dr. W. Wepner, Köln
Bestimmung kleiner Kohlenstoffgehalte im Alpha-Eisen durch Dämpfungsmessung
1956, 34 Seiten, 5 Abb., 2 Tabellen, DM 7,70

HEFT 231
Dr.-Ing. W. Küch, Dortmund
Über die Wechselwirkung zwischen Holzschutzbehandlung und Verleimung
1956, 48 Seiten, 10 Abb., 8 Tabellen, DM 10,40

HEFT 232
Prof. Dr.-Ing. O. Kienzle, Hannover und Dr.-Ing. H. Münnich, Schweinfurt
Feststellung der Spannungen und Dehnungen und Bruchdrehzahlen der unter Fliehkraft und Bearbeitungskraft beanspruchten Schleifkörper
in Vorbereitung

HEFT 233
Dr. H. Haase, Hamburg
Infrarot-Bibliographie
1956, 90 Seiten, DM 17,80

HEFT 234
Dr.-Ing. K. G. Speith und Dr.-Ing. A. Bungeroth, Duisburg
Versuche zur Steigerung des Kokillen-Schluckvermögens beim Stranggießen von Stahl
1956, 26 Seiten, 5 Abb., DM 6,15

HEFT 235
Prof. Dr.-Ing. K. Leist und Dipl.-Ing. W. Dettmering, Aachen
Turbinenschaufeln aus Kunststoff für Kaltluftversuchsanlagen
1956, 46 Seiten, 43 Abb., 3 Tabellen, DM 12,30

HEFT 236
Dr.-Ing. O. Viertel und S. Lucas, Krefeld
Ergebnisse einer Hausfrauenbefragung über Wascheinrichtungen und Waschmethoden in städtischen Haushaltungen
1956, 34 Seiten, 4 Abb., DM 7,60

HEFT 237
Dr. P. Endler und Dr. H. Ludes, Köln
Bericht über eine Studienreise zur Orientierung der heutigen Behandlung der Lungentuberkulose in den Vereinigten Staaten von Nordamerika
1956, 32 Seiten, DM 7,10

HEFT 238
Institut für textile Meßtechnik, M.-Gladbach, e.V.
Untersuchung der Verzugsvorgänge an den Streckwerken verschiedener Spinnereimaschinen. 3. Bericht: Theoretische Betrachtungen über den Einfluß schlagender Zylinder und Druckrollen
in Vorbereitung

HEFT 239
Prof. Dr.-Ing. K. Leist und Dipl.-Ing. H. Scheele, Aachen und Dipl.-Ing. F. H. Flottmann, Herne
Versuche an einem neuartigen luftgekühlten Hochleistungs-Kolbenkompressor
in Vorbereitung

HEFT 240
Prof. Dr.-Ing. K. Leist und Dipl.-Ing. H. Scheele, Aachen
Temperaturmessungen an einem einstufigen luftgekühlten 4-Zylinder-Kolbenkompressor mit Kühlgebläse
in Vorbereitung

HEFT 241
Prof. Dr.-Ing. K. Leist und Dipl.-Ing. M. Pötke, Aachen
Leistungsversuche an einem Kühlluftgebläse
in Vorbereitung

HEFT 242
Prof. Dr.-Ing. K. Leist und Dipl.-Ing. K. Graf, Aachen
Straßenfahrzeuge mit Gasturbinenantrieb
in Vorbereitung

HEFT 243
Prof. Dr.-Ing. K. Leist und Dipl.-Ing. S. Förster, Aachen
Die französische Kleingasturbine Artouste — 1. Teil
in Vorbereitung

HEFT 244
Prof. Dr. F. Wever, Dr. W. Koch und Dr. S. Eckhard, Düsseldorf
Erfahrungen mit der spektrochemischen Analyse von Gefügebestandteilen des Stahles
1956, 32 Seiten, 8 Abb., 2 Tabellen, DM 7,80

HEFT 245
Prof. Dr.-Ing. K. Krekeler, Aachen
Das Verbinden von Metallen durch Kunstharzkleber. Teil I: Eigenschaften und Verwendung der Metallklebstoffe
1956, 48 Seiten, 8 Abb., DM 10,25

HEFT 246
Prof. Dr.-Ing. K. Krekeler, Aachen
Das Verbinden von Metallen durch Kunstharzkleber. Teil II: Untersuchungen an geklebten Leichtmetall-Verbindungen
in Vorbereitung

HEFT 247
Dr. H. Söhngen, Darmstadt
Strömung vor einem Überschall-Laufrad
1956, 26 Seiten, 4 Abb., DM 7,60

HEFT 248
Rheinische Aktiengesellschaft für Braunkohlenbergbau und Brikettfabrikation, Köln
Untersuchung der Bindemitteleigenschaften von Braunkohlenfilteraschen
in Vorbereitung

HEFT 249
Dr. M.-E. Meffert, Essen
Weitere Kulturversuche Scenedesmus obliquus
1956, 36 Seiten, 5 Abb., 10 Tabellen, DM 8,—

HEFT 250
Dr. F. Schwarz und Dr.-Ing. K. Alberti, Köln
Entwicklung von Untersuchungsverfahren zur Gütebeurteilung von Industriekalken
in Vorbereitung

HEFT 251
Prof. Dr. H. Bittel, Münster
Zur Statistik der ferromagnetischen Elementarvorgänge und ihren Einfluß auf das Barkhausenrauschen
in Vorbereitung

HEFT 252
Dipl.-Ing. H. Frings, Geilenkirchen
Die Wirkung abfallender Wetterführung auf Wettertemperatur, Grubengasgehalt und Staubbildung
in Vorbereitung

HEFT 253
Dipl.-Ing. S. Schirmanski, Berghausen
Stand und Auswertung der Forschungsarbeiten über Temperatur- und Feuchtigkeitsgrenzen bei der bergmännischen Arbeit
in Vorbereitung

HEFT 254
Prof. Dr. R. Danneel, Bonn
Quantitative Untersuchungen über die Entwicklung des Ehrlich-Ascitesturmos bei Inzuchtmäusen
in Vorbereitung

HEFT 255
Ing. B. v. Schlippe, Bad Nauheim
Strömung von Flüssigkeiten mit temperaturabhängiger Zähigkeit (Kühlung von Ölen)
1956, 54 Seiten, 12 Abb., 4 Tabellen, DM 11,70

HEFT 256
Prof. Dr. C. Schmieden und Dipl.-Math. K. H. Müller, Darmstadt
Die Strömung einer Quellstrecke im Halbraum — eine strenge Lösung der Navier-Stokes-Gleichungen
1956, 40 Seiten, 9 Abb., DM 8,80

HEFT 257
Prof. Dr. G. Lehmann und Dr. J. Tamm, Dortmund
Die Beeinflussung vegetativer Funktionen des Menschen durch Geräusche
in Vorbereitung

HEFT 258
Dr. H. Paul, Linz (Rhein) und Prof. Dr. O. Graf, Dortmund
Zur Frage der Unfälle im Bergbau
1956, 52 Seiten, 9 Abb., 22 Tabellen, DM 11,20

HEFT 259
Prof. Dr. W. Linke, Aachen
Strömungsvorgänge in künstlich belüfteten Räumen
1956, 52 Seiten, 37 Abb., 1 Tabelle, DM 11,80

HEFT 260
Prof. Dr. W. Kast, Freiburg (Br.), Prof. Dr. A. H. Stuart und Dipl.-Phys. H. G. Fendler, Hannover
Lichtzerstreuungsmessungen an Lösungen hochpolymerer Stoffe
in Vorbereitung

HEFT 261
Prof. Dr. W. Kast, Freiburg (Br.)
Feinstruktur-Untersuchungen an künstlichen Zellulosefasern verschiedener Herstellungsverfahren. Teil II: Der Kristallisationszustand
in Vorbereitung

HEFT 262
Dr.-Ing. W. Batel, Aachen
Untersuchungen zur Absiebung feuchter, feinkörniger Haufwerke und Schwingsieben
in Vorbereitung

HEFT 263
Prof. Dr. H. Lange und Dipl.-Phys. R. Kohlhaas, Köln
Über die Wärmeleitfähigkeit von Stählen bei hohen Temperaturen: Teil I: Literaturbericht
in Vorbereitung

HEFT 264
Prof. Dr. W. Weizel, Bonn
Durch schnelle Funkenzusammenbrüche ausgelöste Signale auf einer Leitung
1956, 26 Seiten, 4 Abb., 3 Tabellen, DM 6,10

HEFT 265
Prof. Dr. F. Micheel und Dr. R. Engel, Münster
Eine Apparatur zur elektrophoretischen Trennung von Stoffgemischen
in Vorbereitung

HEFT 266
Fliesen-Beratungsstelle Bad Godesberg-Mehlem
Güteeigenschaften keramischer Wand- und Bodenfliesen und deren Prüfmethoden
1956, 32 Seiten, DM 7,10

HEFT 267
Prof. Dr. W. Weizel und B. Brandt, Bonn
Zur Stabilität stromstarker Glimmentladungen
1956, 36 Seiten, 7 Abb., DM 8,40

HEFT 268
Prof. Dr.-Ing. G. Vogelpohl, Göttingen
Über die Tragfähigkeit von Gleitlagern und ihre Berechnung
in Vorbereitung

SPRINGER FACHMEDIEN WIESBADEN GMBH

HEFT 269
Markscheider R. Bals, Bochum
Eignung des Gebirgsankerausbaus zur Erleichterung des Streckenvortriebs im Steinkohlenbergbau
in Vorbereitung

HEFT 270
Dr. H. Krebs und Mitarbeiter, Bonn
Die Trennung von Racematen auf chromatographischem Wege
in Vorbereitung

HEFT 271
Prof. Dr.-Ing. H. Opitz und Dipl.-Ing. H. Axer, Aachen
Beeinflussung des Verschleißverhaltens bei spanenden Werkzeugen durch flüssige und gasförmige Kühlmittel und elektrische Maßnahmen
in Vorbereitung

HEFT 272
Prof. Dr. W. Fuchs und Dr. H. Dresia, Aachen
Untersuchungen über die Schnellverbrennung und Schnellvergasung fester Brennstoffe
in Vorbereitung

HEFT 273
Fa. K. W. Tacke G.m.b.H., Wuppertal-Barmen
Erfahrungen beim Verspinnen von Perlonfasern und bei der Herstellung von Trikotagen aus gesponnenem Perlon
in Vorbereitung

HEFT 274
Prof. Dr.-Ing. K. Krekeler und Dipl.-Ing. H. Verhoeven, Aachen
Qualitative Untersuchungen bei Verbindungsschweißungen mittels Lichtbogenschweißautomaten unter Verwendung von Blankdraht und Zugabe von ferromagnetischem Pulver als Umhüllung
in Vorbereitung

HEFT 275
Prof. Dr.-Ing. K. Krekeler und Dipl.-Ing. H. Verhoeven, Aachen
Qualitative Untersuchungen von Punktschweißverbindungen an Tiefzieh- und Aluminiumblechen, die nach dem Argonarc-Punktschweißverfahren hergestellt werden
in Vorbereitung

HEFT 276
Fa. E. Haage, Mülheim (Ruhr)
Entwicklungsarbeiten im Apparatebau für Laboratorien
in Vorbereitung

HEFT 277
Dr.-Ing. W. Müchler, Essen
Untersuchung und zahlenmäßige Bestimmung der Schneideigenschaften von Messern mit besonderer Berücksichtigung rostfreier Messerstähle
in Vorbereitung

HEFT 278
Dipl.-Ing. J. Stelter und Dipl.-Ing. H. Kickert, Aachen
I. Sichtbarmachung von Ultraschallfeldern unter Verwendung photographischer Emulsionsschichten
II. Methode zur Bestimmung der wirklichen Temperaturverhältnisse in Flüssigkeiten während der Beschallung (Nach einer Diplom-Arbeit von H. Schnitzler)
in Vorbereitung

HEFT 279
Dr. F. Keune, Aachen
Der gewölbte und verwundene Tragflügel ohne Dicke in Schallnähe
in Vorbereitung

HEFT 280
Dipl.-Ing. J. Stelter und Dipl.-Ing. E. Pfende, Aachen
Über Störerscheinungen bei Schallgeschwindigkeitsmessungen mittels der Interferometermethode
in Vorbereitung

HEFT 281
Prof. Dr.-Ing. K. Lürenbaum, Aachen
Der Meßwagen des Instituts für Maschinen-Dynamik der Deutschen Versuchsanstalt für Luftfahrt, Aachen
in Vorbereitung

HEFT 282
Bergrat a. D. Scherer, Bochum
Das B.T.-Schwelverfahren und seine Anwendung auf der Anlage Marienau
in Vorbereitung

HEFT 283
Prof. Dr. F. Wever und Dr.-Ing. W. Lueg, Düsseldorf
Warmstauchversuche zur Ermittlung der Formänderungsfestigkeit von Gesenkschmiede-Stählen
in Vorbereitung

HEFT 284
Prof. Dr. F. Wever, Düsseldorf, Dr.-Ing. H. J. Wiester, Essen, Dr.-Ing. F. W. Straßburg, Duisburg, Prof. Dr.-Ing. H. Opitz, Aachen, und Dr.-Ing. K. H. Fröblich, Köln
Einfluß des Gefüges auf die Zerspanbarkeit von Einsatz- und Vergütungsstählen
in Vorbereitung

HEFT 285
Prof. Dr.-Ing. O. Kienzle, Dr.-Ing. K. Lange, Hannover, und Dipl.-Ing. H. Meinert, Osterode
Einfluß der Oberfläche auf das Verschleißverhalten von Schmiedegesenken
in Vorbereitung

HEFT 286
Dr.-Ing. K. Lange, Hannover, Dipl.-Ing. H. Meinert, Osterode, unter Mitarbeit von Dr.-Ing. H. Arend, Mülheim (Ruhr)
Verschleißverhalten hartverchromter Schmiedegesenke
in Vorbereitung

HEFT 287
Prof. Dr.-Ing. K. Krekeler, Aachen
Änderungen der mechanischen Eigenschaftswerte thermoplastischer Kunststoffe bei Beanspruchung in verschiedenen Medien
in Vorbereitung

HEFT 288
Dr. K. Brücker-Steinkuhl, Düsseldorf
Anwendung mathematisch-statistischer Verfahren in der Industrie
in Vorbereitung

HEFT 289
Prof. Dr.-Ing. H. Winterhager, Aachen
Kombinierter Widerstands- und Lichtbogen-Vakuumofen zur Verarbeitung von Titanschwamm
Prof. Dr. Dr. h. c. R. Schwarz, Aachen
Erforschung neuer Wege zur Darstellung von Titanmetall
in Vorbereitung

HEFT 290
Dr. D. Horstmann, Düsseldorf
I. Der verstärkte Angriff des Zinks auf Eisen im Temperaturgebiet um 500° C
II. Einfluß eines Antimongehaltes auf den Angriff von Zinkschmelzen auf Eisen
in Vorbereitung

HEFT 291
Dr.-Ing. H. J. Wiester und Dr. D. Horstmann, Düsseldorf
Der Angriff eisengesättigter Zinkschmelzen auf silizium- und manganhaltiges Eisen
in Vorbereitung

HEFT 292
Dipl.-Ing. W. Rohs und Text.-Ing. H. Griese, Bielefeld
Webversuche an Leinenwebstühlen mit verbesserter Schaftbewegung
in Vorbereitung

HEFT 293
Prof. J. W. Korte, unter Mitarbeit von Dipl.-Ing. P. A. Mäcke und Dipl.-Ing. W. Leutzbach, Aachen
Die Leistungsfähigkeit von Verkehrsanlagen des motorisierten städtischen Straßenverkehrs
in Vorbereitung

HEFT 294
Dipl.-Ing. B. Naendorf, Essen
Untersuchungen industrieller Gasbrenner
in Vorbereitung

HEFT 295
Prof. Dr.-Ing. H. Opitz und Dipl.-Ing. H. Axer, Aachen
Untersuchung und Weiterentwicklung neuartiger elektrischer Bearbeitungsverfahren
in Vorbereitung

HEFT 296
Prof. Dr.-Ing. H. Opitz, Aachen
I. Untersuchungen an elektronischen Regelantrieben
II. Statistische Untersuchungen zur Ausnutzung von Drehbänken
in Vorbereitung

HEFT 297
Dr. K. Schaarwächter, Düsseldorf
Die Reduktion von Siliziumtetrachlorid im Lichtbogen zur nachfolgenden Silizierung von Eisenblechen
in Vorbereitung

HEFT 298
Prof. Dr.-Ing. E. Oehler, Aachen
Untersuchung von kritischen Drehzahlen, die durch Kreiselmomente verursacht werden
in Vorbereitung

HEFT 299
Dr. J. Fassbender und W. Hoppe, Bonn
Eine photoelektrische Nachlaufeinrichtung für Analogie-Rechenmaschinen
in Vorbereitung

HEFT 300
Prof. Dr. E. Schütz und Privatdozent Dr. H. Caspers, Münster
Tierexperimentelle Untersuchungen über die Alkoholwirkungen auf Erregbarkeit und bioelektrische Spontanaktivität der Hirnrinde
in Vorbereitung

HEFT 301
Prof. Dr. W. Weltzien, Dr. G. Cossmann und P. Diehl, Krefeld
Über die fraktionierte Füllung von Polyamiden (II)
in Vorbereitung

HEFT 302
Prof. Dr.-Ing. W. Wegener und Dipl.-Ing. Willi Zahn, Aachen
Untersuchungen von gesponnenen Garnen auf ihre Gleichmäßigkeit nach verschiedenen Meßmethoden
in Vorbereitung

HEFT 303
Prof. Dr.-Ing. S. Kiesskalt, Aachen
Das Institut der Forschungsgesellschaft Verfahrenstechnik e. V. an der Technischen Hochschule Aachen
in Vorbereitung

HEFT 304
Prof. Dr.-Ing. K. Krekeler, Düsseldorf, und Dipl.-Ing. A. Kleine-Albers, Aachen
Beitrag zur thermoelastischen Warmformbarkeit von Hart PVC
in Vorbereitung

HEFT 305
Prof. Dr.-Ing. K. Krekeler, Düsseldorf, Dr.-Ing. H. Peukert, Aachen, und Dipl.-Ing. W. Schmitz, Siegburg
Heißgas-Schweißung von Hart-Polyvinylchlorid mit Zusatzwerkstoff
in Vorbereitung

HEFT 306
Prof. Dr. B. Rensch, Münster
Elektrophysiologische Untersuchungen zur Analysierung der Bildung von Assoziationen und Gedächtnisspuren in Gehirn und Rückenmark
Prof. Dr. A. Loeser, Münster
Akute und chronische Giftwirkungen sauerstoffhaltiger Lösungsmittel
in Vorbereitung

HEFT 307
Privatdozent Dr. J. Juilfs, Krefeld
Vergleichende Untersuchungen zur elastischen und bleibenden Dehnung von Fasern
in Vorbereitung

HEFT 308
Privatdozent Dr. J. Juilfs, Krefeld
Zur Messung der Fadenglätte
in Vorbereitung

HEFT 309
Prof. Dr. K. Cruse und Mitarbeiter, Clausthal-Zellerfeld
Aufbau und Arbeitsweise eines universell verwendbaren Hochfrequenz-Titrationsgerätes
in Vorbereitung

HEFT 310
Dr. P. F. Müller, Bonn
Die Integrieranlage des Rheinisch-Westfälischen Instituts für Instrumentelle Mathematik in Bonn
in Vorbereitung

HEFT 311
Prof. Dr. F. Wever und Dr. M. Hempel, Düsseldorf
Dauerschwingfestigkeit von Stählen bei erhöhten Temperaturen
Teil I: Erkenntnisse aus bisherigen Dauerschwingversuchen in der Wärme
in Vorbereitung

HEFT 312
Prof. Dr. F. Wever und Dr. M. Hempel, Düsseldorf
Dauerschwingfestigkeit von Stählen bei erhöhten Temperaturen
Teil II: Zug-Druck-Dauerschwingversuche an zwei warmfesten Stählen bei Temperaturen von 500 bis 650°
in Vorbereitung

HEFT 313
Prof. Dr. F. Wever, Dr. W. Koch und Dipl.-Phys. H. Rohde, Düsseldorf
Änderungen des Habitus und der Gitterkonstanten des Zementits in Chromstählen bei verschiedenen Wärmebehandlungen
in Vorbereitung

SPRINGER FACHMEDIEN WIESBADEN GMBH

HEFT 314
Prof. Dr. F. Wever und Dr.-Ing. A. Krisch, Düsseldorf, und Dr.-Ing. H.-J. Wiester, Essen
Veränderungen im Gefügeaufbau von Chrom-Nickel-Molybdän-Stählen bei langzeitiger Beanspruchung im Zeitstandversuch bei 500°
in Vorbereitung

HEFT 315
Prof. Dr. F. Wever und Dr.-Ing. A. Krisch, Düsseldorf
Metallkundliche Untersuchungen an Zeitstandproben
in Vorbereitung

HEFT 316
Dr. F. Keune, Aachen
Zusammenfassende Darstellung und Erweiterung des Aequivalenzsatzes für schallnahe Strömung
in Vorbereitung

HEFT 317
Dr.-Ing. J. Stelter, Aachen
Mikrobiologische Ultraschallwirkungen
in Vorbereitung

HEFT 318
Dipl.-Ing. H. Kickert, Aachen
Über die Ausbreitung von Ultraschall in Luft
in Vorbereitung

HEFT 319
Prof. Dr. C. Kröger, Aachen
Gemengereaktionen und Glasschmelze
in Vorbereitung

HEFT 320
Dr. H.-E. Caspary, Köln
Verwendung von Szintillationszählern anstelle von Zählrohren zur zerstörungsfreien Materialprüfung
in Vorbereitung

HEFT 321
Prof. Dr. F. Wever, Düsseldorf und Dr. W. Wepner, Köln
Gleichzeitige Bestimmung kleiner Kohlenstoff- und Stickstoffgehalte im α-Eisen durch Dämpfungsmessung
in Vorbereitung

HEFT 322
Prof. Dr.-Ing. F. Bollenrath und Dipl.-Ing. W. Domke, Aachen
Eigenspannungen in vergüteten, dickwandigen Stahlzylindern nach Oberflächenhärtung mit induktiver Erwärmung
in Vorbereitung

HEFT 323
Prof. Dr.-Ing. R. Seyffert, Köln
Wege und Kosten der Distribution der Textilien, Schuh- und Lederwaren
in Vorbereitung

HEFT 324
Prof. Dr.-Ing. H. Opitz, Dr.-Ing. E. Salje und Dipl.-Ing. K. E. Schwartz, Aachen
Richtwerte für das Außenrund-Längs- und Einstechschleifen
in Vorbereitung

HEFT 325
Prof. Dr. E. Schratz, Münster
Pharmakognostische Untersuchungen am Medizinal-Rhabarber
in Vorbereitung

HEFT 326
Prof. Dr.-Ing. E. Essers und Mitarbeiter, Aachen
Deichselkräfte an Lastzügen
in Vorbereitung

HEFT 327
Prof. Dr.-Ing. K. Krekeler und Dr.-Ing. H. Peukert, Aachen
Beitrag zur thermoelastischen Formbarkeit von Polyäthylen
in Vorbereitung

HEFT 328
Dr. H. Maeder, Belo Horizonte
Schweißen von Temperguß
in Vorbereitung

HEFT 329
Dipl.-Ing. A. Krüger, Karlsruhe, und Feuerwehr-Ing. R. Radusch, Dortmund
Wasserzerstäubung im Strahlrohr
in Vorbereitung

HEFT 330
Dipl.-Physiker E. Pepping, Aachen
Die Durchflußzahl des Rechteckschlitzes in einer sehr großen Wand
in Vorbereitung

HEFT 331
Dipl.-Ing. G. Bretschneider, Ruit
Die Messung der wiederkehrenden Spannung mit Hilfe des Netzmodelles
in Vorbereitung

HEFT 332
Prof. Dr.-Ing. R. Jaeckel und Dr. G. Reich, Bonn
Messung von Dampfdrucken im Gebiet unter 10^{-2} Torr
in Vorbereitung

HEFT 333
Prof. Dipl.-Ing. W. Sturtzel und Dr.-Ing. W. Graff, Duisburg
I. Der Flachwassereinfluß auf den Form- und Reibungswiderstand von Binnenschiffen
II. Der Flachwassereinfluß auf die Nachstrom- und Sogverhältnisse bei Binnenschiffen
in Vorbereitung

HEFT 334
Prof. Dr. W. Weizel und Dr. G. Meister, Bonn
Spektralanalyse durch Messung des Interferenz-Kontrasts
in Vorbereitung

HEFT 335
Prof. Dr. W. Weizel und H. Hornberg, Bonn
Untersuchungen der anodischen Teile einer Glimmentladung
in Vorbereitung

HEFT 336
Dr. Tung-ping Yao, Aachen
Die Viskosität metallischer Schmelzen
in Vorbereitung

HEFT 337
Dr. R. Hoeppener und Dr. W. Bierther, Bonn
Tektonik und Lagerstätten im Rheinischen Schiefergebirge
in Vorbereitung

HEFT 338
Prof. Dr.-Ing. W. Wegener, Aachen, und Dipl.-Ing. J. Schneider, M.-Gladbach
Die Bedeutung der Knotenart für die Herabminderung der Fadenbrüche
in Vorbereitung

HEFT 339
Prof. Dr.-Ing. W. Wegener und Dipl.-Ing. W. Zahn, Aachen
Vergleich des normalen mit verschiedenen abgekürzten Baumwollspinnverfahren in bezug auf Gleichmäßigkeit und Sortierungsstreuung der Garne
in Vorbereitung

HEFT 340
Dipl.-Ing. W. Rohs und Dipl.-Ing. R. Otto, Bielefeld
Das Naßspinnen von Bastfasergarnen mit Spinnbadzusätzen unter Ausnutzung einer zentralen Spinnwasserversorgungsanlage
in Vorbereitung

HEFT 341
Prof. Dr.-Ing. H. Winterhager und Dipl.-Ing. L. Werner, Aachen
Präzisions-Meßverfahren zur Bestimmung des elektrischen Leitvermögens geschmolzener Salze
in Vorbereitung

HEFT 342
Prof. Dr.-Ing. H. Winterhager und Dipl.-Ing. W. Barthel, Aachen
Die Gewinnung von Titanschlackenkonzentraten aus eisenreichen Ilmeniten
in Vorbereitung

HEFT 343
Prof. Dr.-Ing. W. Petersen, Aachen, und Dipl.-Ing. S. Wawroschek, Aachen
Die zweckmäßigsten Gütebestimmungsverfahren und Brikettierungsbedingungen bei der Erzeugung von Braunkohlen-Eisenerz-Briketts
in Vorbereitung

HEFT 344
Prof. Dr.-Ing. W. Fucks, Aachen
Zur Deutung einfachster mathematischer Sprachcharakteristiken
in Vorbereitung

HEFT 345
Dipl.-Ing. G. Cerbe und Dipl.-Ing. H. Monstadt, Essen
Konvektive Trocknung mit gasbeheizter Luft und Trocknung durch Gasstrahler
in Vorbereitung

HEFT 346
Dipl.-Ing. O. Arnold, Aachen
Erfahrungen mit Kernbohrungen zur Lagerstättenuntersuchung im Erzbergbau
in Vorbereitung

HEFT 347
S. Ruff, F. Kipp, H. Hansteen und G. Müller, Bonn
Untersuchungen zur Frage der Gehörschädigungen des fliegenden Personals der Propellerflugzeuge
in Vorbereitung

SPRINGER FACHMEDIEN WIESBADEN GMBH

VERÖFFENTLICHUNGEN DER ARBEITSGEMEINSCHAFT FÜR FORSCHUNG DES LANDES NORDRHEIN-WESTFALEN

NATURWISSENSCHAFTEN

Im Auftrage des Ministerpräsidenten Fritz Steinhoff
herausgegeben von Staatssekretär Prof. Leo Brandt

HEFT 1
Prof. Dr.-Ing. Friedrich Seewald, Aachen
Neue Entwicklungen auf dem Gebiet der Antriebsmaschinen
Prof. Dr.-Ing. Friedrich A. F. Schmidt, Aachen
Technischer Stand und Zukunftsaussichten der Verbrennungsmaschinen, insbesondere der Gasturbinen
Dr.-Ing. Rudolf Friedrich, Mülheim (Ruhr)
Möglichkeiten und Voraussetzungen der industriellen Verwertung der Gasturbine
1951, 52 Seiten, 15 Abb., kartoniert, DM 2,75

HEFT 2
Prof. Dr.-Ing. Wolfgang Riezler, Bonn
Probleme der Kernphysik
Prof. Dr. Fritz Micheel, Münster
Isotope als Forschungsmittel in der Chemie und Biochemie
1951, 40 Seiten, 10 Abb., kartoniert, DM 2,40

HEFT 3
Prof. Dr. Emil Lehnartz, Münster
Der Chemismus der Muskelmaschine
Prof. Dr. Gunther Lehmann, Dortmund
Physiologische Forschung als Voraussetzung der Bestgestaltung der menschlichen Arbeit
Prof. Dr. Heinrich Kraut, Dortmund
Ernährung und Leistungsfähigkeit
1951, 60 Seiten, 35 Abb., kartoniert, DM 3,50

HEFT 4
Prof. Dr. Franz Wever, Düsseldorf
Aufgaben der Eisenforschung
Prof. Dr.-Ing. Hermann Schenck, Aachen
Entwicklungslinien des deutschen Eisenhüttenwesens
Prof. Dr.-Ing. Max Haas, Aachen
Wirtschaftliche Bedeutung der Leichtmetalle und ihre Entwicklungsmöglichkeiten
1952, 60 Seiten, 20 Abb., kartoniert, DM 3,50

HEFT 5
Prof. Dr. Walter Kikuth, Düsseldorf
Virusforschung
Prof. Dr. Rolf Danneel, Bonn
Fortschritte der Krebsforschung
Prof. Dr. Dr. Werner Schulemann, Bonn
Wirtschaftliche und organisatorische Gesichtspunkte für die Verbesserung unserer Hochschulforschung
1952, 50 Seiten, 2 Abb., kartoniert, DM 2,75

HEFT 6
Prof. Dr. Walter Weizel, Bonn
Die gegenwärtige Situation der Grundlagenforschung in der Physik
Prof. Dr. Siegfried Strugger, Münster
Das Duplikantenproblem in der Biologie
Direktor Dr. Fritz Gummert, Essen
Überlegungen zu den Faktoren Raum und Zeit in biologischen Geschehen und Möglichkeiten einer Nutzanwendung
1952, 64 Seiten, 20 Abb., kartoniert, DM 3,—

HEFT 7
Prof. Dr.-Ing. August Götte, Aachen
Steinkohle als Rohstoff und Energiequelle
Prof. Dr. Dr. E. h. Karl Ziegler, Mülheim (Ruhr)
Über Arbeiten des Max-Planck-Institutes für Kohlenforschung
1953, 66 Seiten, 4 Abb., kartoniert, DM 3,60

HEFT 8
Prof. Dr.-Ing. Wilhelm Fucks, Aachen
Die Naturwissenschaft, die Technik und der Mensch
Prof. Dr. Walther Hoffmann, Münster
Wirtschaftliche und soziologische Probleme des technischen Fortschritts
1952, 84 Seiten, 12 Abb., kartoniert, DM 4,80

HEFT 9
Prof. Dr.-Ing. Franz Bollenrath, Aachen
Zur Entwicklung warmfester Werkstoffe
Prof. Dr. Heinrich Kaiser, Dortmund
Stand spektralanalytischer Prüfverfahren und Folgerung für deutsche Verhältnisse
1952, 100 Seiten, 62 Abb., kartoniert, DM 6,—

HEFT 10
Prof. Dr. Hans Braun, Bonn
Möglichkeiten und Grenzen der Resistenzzüchtung
Prof. Dr.-Ing. Carl Heinrich Dencker, Bonn
Der Weg der Landwirtschaft von der Energieautarkie zur Fremdenergie
1952, 74 Seiten, 23 Abb., kartoniert, DM 4,30

HEFT 11
Prof. Dr.-Ing. Herwart Opitz, Aachen
Entwicklungslinien der Fertigungstechnik in der Metallbearbeitung
Prof. Dr.-Ing. Karl Krekeler, Aachen
Stand und Aussichten der schweißtechnischen Fertigungsverfahren
1952, 72 Seiten, 49 Abb., kartoniert, DM 5,—

HEFT 12
Dr.-Ing. Hermann Rathert, Wuppertal-Elberfeld
Entwicklung auf dem Gebiet der Chemiefaser-Herstellung
Prof. Dr. Wilhelm Weltzien, Krefeld
Rohstoff und Veredlung in der Textilwirtschaft
1952, 84 Seiten, 29 Abb., kartoniert, DM 4,80

HEFT 13
Dr.-Ing. E. h. Karl Herz, Frankfurt a. M.
Die technischen Entwicklungstendenzen im elektrischen Nachrichtenwesen
Staatssekretär Prof. Leo Brandt, Düsseldorf
Navigation und Luftsicherung
1952, 102 Seiten, 97 Abb., kartoniert, DM 7,25

HEFT 14
Prof. Dr. Burckhardt Helferich, Bonn
Stand der Enzymchemie und ihre Bedeutung
Prof. Dr. Hugo Wilhelm Knipping, Köln
Ausschnitt aus der klinischen Carcinomforschung am Beispiel des Lungenkrebses
1952, 72 Seiten, 12 Abb., kartoniert, DM 4,30

HEFT 15
Prof. Dr. Abraham Esau †, Aachen
Ortung mit elektrischen und Ultraschallwellen in Technik und Natur
Prof. Dr.-Ing. Eugen Flegler, Aachen
Die ferromagnetischen Werkstoffe der Elektrotechnik und ihre neueste Entwicklung
1953, 84 Seiten, 25 Abb., kartoniert, DM 4,80

HEFT 16
Prof. Dr. Rudolf Seyffert, Köln
Die Problematik der Distribution
Prof. Dr. Theodor Beste, Köln
Der Leistungslohn
1952, 70 Seiten, 1 Abb., kartoniert, DM 3,50

HEFT 17
Prof. Dr.-Ing. Friedrich Seewald, Aachen
Luftfahrtforschung in Deutschland und ihre Bedeutung für die allgemeine Technik
Prof. Dr.-Ing. Edouard Houdremont, Essen
Art und Organisation der Forschung in einem Industrieforschungsinstitut der Eisenindustrie
1953, 90 Seiten, 4 Abb., kartoniert, DM 4,20

HEFT 18
Prof. Dr. Dr. Werner Schulemann, Bonn
Theorie und Praxis pharmakologischer Forschung
Prof. Dr. Wilhelm Groth, Bonn
Technische Verfahren zur Isotopentrennung
1953, 72 Seiten, 17 Abb., kartoniert, DM 4,—

HEFT 19
Dipl.-Ing. Kurt Traenckner, Essen
Entwicklungstendenzen der Gaserzeugung
1953, 26 Seiten, 12 Abb., kartoniert, DM 1,60

HEFT 20
M. Zvegintzow, London
Wissenschaftliche Forschung und die Auswertung ihrer Ergebnisse
Ziel und Tätigkeit der National Research Development Corporation
Dr. Alexander King, London
Wissenschaft und internationale Beziehungen
1954, 88 Seiten, kartoniert, DM 4,20

HEFT 21
Prof. Dr. Robert Schwarz, Aachen
Wesen und Bedeutung der Silicium-Chemie
Prof. Dr. Dr. h. c. Kurt Alder, Köln
Fortschritte in der Synthese von Kohlenstoffverbindungen
1954, 76 Seiten, 49 Abb., kartoniert, DM 4,—

HEFT 21a
Prof. Dr. Dr. h. c. Otto Hahn, Göttingen
Die Bedeutung der Grundlagenforschung für die Wirtschaft
Prof. Dr. Siegfried Strugger, Münster
Die Erforschung des Wasser- und Nährsalztransportes im Pflanzenkörper mit Hilfe der fluoreszenzmikroskopischen Kinematographie
1953, 74 Seiten, 26 Abb., kartoniert, DM 5,—

HEFT 22
Prof. Dr. Johannes von Allesch, Göttingen
Die Bedeutung der Psychologie im öffentlichen Leben
Prof. Dr. Otto Graf, Dortmund
Triebfedern menschlicher Leistung
1953, 80 Seiten, 19 Abb., kartoniert, DM 4,—

HEFT 23
Prof. Dr. Dr. h. c. Bruno Kuske, Köln
Zur Problematik der wirtschaftswissenschaftlichen Raumforschung
Prof. Dr. Dr.-Ing. E. h. Stephan Prager, Düsseldorf
Städtebau und Landesplanung
1954, 84 Seiten, kartoniert, DM 3,50

HEFT 24
Prof. Dr. Rolf Danneel, Bonn
Über die Wirkungsweise der Erbfaktoren
Prof. Dr. Kurt Herzog, Krefeld
Bewegungsbedarf der menschlichen Gliedmaßengelenke bei der Berufsarbeit
1953, 76 Seiten, 18 Abb., kartoniert, DM 4,—

SPRINGER FACHMEDIEN WIESBADEN GMBH

HEFT 25
Prof. Dr. Otto Haxel, Heidelberg
Energiegewinnung aus Kernprozessen
Dr.-Ing. Dr. Max Wolf, Düsseldorf
Gegenwartsprobleme der energiewirtschaftlichen Forschung
1953, 98 Seiten, 27 Abb., kartoniert, DM 5,25

HEFT 26
Prof. Dr. Friedrich Becker, Bonn
Ultrakurzwellenstrahlung aus dem Weltraum
Dr. Hans Straßl, Bonn
Bemerkenswerte Doppelsterne und das Problem der Sternentwicklung
1954, 70 Seiten, 8 Abb., kartoniert, DM 3,60

HEFT 27
Prof. Dr. Heinrich Behnke, Münster
Der Strukturwandel der Mathematik in der ersten Hälfte des 20. Jahrhunderts
Prof. Dr. Emanuel Sperner, Hamburg
Eine mathematische Analyse der Luftdruckverteilungen in großen Gebieten
1956, 96 Seiten, 12 Abb., 5 Tab., kartoniert, DM 5,—

HEFT 28
Prof. Dr. Oskar Niemczyk, Aachen
Die gebirgsmechanischer Vorgänge im Steinkohlenbergbau
Prof. Dr. Wilhelm Ahrens, Krefeld
Die Bedeutung geologischer Forschung für die Wirtschaft, besonders in Nordrhein-Westfalen
1955, 96 Seiten, 12 Abb., kartoniert, DM 5,25

HEFT 29
Prof. Dr. Bernhard Rensch, Münster
Das Problem der Residuen bei Lernleistungen
Prof. Dr. Hermann Fink, Köln
Über Leberschäden bei der Bestimmung des biologischen Wertes verschiedener Eiweiße von Mikroorganismen
1954, 96 Seiten, 23 Abb., kartoniert, DM 5,25

HEFT 30
Prof. Dr.-Ing. Friedrich Seewald, Aachen
Forschungen auf dem Gebiete der Aerodynamik
Prof. Dr.-Ing. Karl Leist, Aachen
Einige Forschungsarbeiten aus der Gasturbinentechnik
1955, 98 Seiten, 45 Abb., kartoniert, DM 7,—

HEFT 31
Prof. Dr.-Ing. Dr. h. c. Fritz Mietzsch, Wuppertal
Chemie und wirtschaftliche Bedeutung der Sulfonamide
Prof. Dr. Dr. h. c. Gerhard Domagk, Wuppertal
Die experimentellen Grundlagen der bakteriellen Infektionen
1954, 82 Seiten, 2 Abb., kartoniert, DM 4,—

HEFT 32
Prof. Dr. Hans Braun, Bonn
Die Verschleppung von Pflanzenkrankheiten und -schädigungen über die Welt
Prof. Dr. Wilhelm Rudorf, Voldagsen
Der Beitrag von Genetik und Züchtung zur Bekämpfung von Viruskrankheiten der Nutzpflanzen
1953, 88 Seiten, 36 Abb., kartoniert, DM 5,—

HEFT 33
Prof. Dr.-Ing. Volker Aschoff, Aachen
Probleme der elektroakustischen Einkanalübertragung
Prof. Dr.-Ing. Herbert Döring, Aachen
Erzeugung und Verstärkung von Mikrowellen
1954, 74 Seiten, 23 Abb., kartoniert, DM 4,30

HEFT 34
Geheimrat Prof. Dr. Dr. Rudolf Schenck, Aachen
Bedingungen und Gang der Kohlenhydratsynthese im Licht
Prof. Dr. Emil Lehnartz, Münster
Die Endstufen des Stoffabbaues im Organismus
1954, 80 Seiten, 11 Abb., kartoniert, DM 4,20

HEFT 35
Prof. Dr.-Ing. Hermann Schenck, Aachen
Gegenwartsprobleme der Eisenindustrie in Deutschland
Prof. Dr.-Ing. Eugen Piwowarsky †, Aachen
Gelöste und ungelöste Probleme im Gießereiwesen
1954, 110 Seiten, 67 Abb., kartoniert, DM 6,50

HEFT 36
Prof. Dr. Wolfgang Riezler, Bonn
Teilchenbeschleuniger
Prof. Dr. Gerhard Schubert, Hamburg
Anwendung neuer Strahlenquellen in der Krebstherapie
1954, 104 Seiten, 43 Abb., kartoniert, DM 7,—

HEFT 37
Prof. Dr. Franz Lotze, Münster
Probleme der Gebirgsbildung
Bergwerksdirektor Bergassessor a.D. G. Rauschenbach, Essen
Die Erhaltung der Förderungskapazität des Ruhrbergbaus auf lange Sicht
in Vorbereitung

HEFT 38
Dr. E. Colin Cherry, London
Kybernetik
Prof. Dr. Erich Pietsch, Clausthal-Zellerfeld
Dokumentation und mechanisches Gedächtnis — zur Frage der Ökonomie der geistigen Arbeit
1954, 108 Seiten, 31 Abb., kartoniert, DM 5,25

HEFT 39
Dr. Heinz Haase, Hamburg
Infrarot und seine technischen Anwendungen
Prof. Dr. Abraham Esau †, Aachen
Ultraschall und seine technischen Anwendungen
1955, 80 Seiten, 25 Abb., kartoniert, DM 4,80

HEFT 40
Bergassessor Fritz Lange, Bochum-Hordel
Die wirtschaftliche und soziale Bedeutung der Silikose im Bergbau
Prof. Dr. Walter Kikuth, Düsseldorf
Die Entstehung der Silikose und ihre Verhütungsmaßnahmen
1954, 120 Seiten, 40 Abb., kartoniert, DM 7,25

HEFT 40a
Prof. Dr. Eberhard Gross, Bonn
Berufskrebs und Krebsforschung
Prof. Dr. Hugo Wilhelm Knipping, Köln
Die Situation der Krebsforschung vom Standpunkt der Klinik
1955, 88 Seiten, 31 Abb., kartoniert, DM 5,—

HEFT 41
Direktor Dr.-Ing. Gustav-Victor Lachmann, London
An einer neuen Entwicklungsschwelle im Flugzeugbau
Direktor Dr.-Ing. A. Gerber, Zürich-Oerlikon
Stand der Entwicklung der Raketen- und Lenktechnik
1955, 88 Seiten, 44 Abb., kartoniert, DM 6,—

HEFT 42
Prof. Dr. Theodor Kraus, Köln
Lokalisationsphänomene und Raumordnung vom Standpunkt der geographischen Wissenschaft
Direktor Dr. Fritz Gummert, Essen
Vom Ernährungsversuchsfeld der Kohlenstoffbiologischen Forschungsstation Essen
in Vorbereitung

HEFT 42a
Prof. Dr. Dr. h. c. Gerhard Domagk, Wuppertal
Fortschritte auf dem Gebiet der experimentellen Krebsforschung
1954, 46 Seiten, kartoniert, DM 2,—

HEFT 43
Prof. Giovanni Lampariello, Rom
Über Leben und Werk von Heinrich Hertz
Prof. Dr. Walter Weizel, Bonn
Über das Problem der Kausalität in der Physik
1955, 76 Seiten kartoniert, DM 3,30

HEFT 43a
Prof. Dr. José Ma Albareda, Madrid
Die Entwicklung der Forschung in Spanien
in Vorbereitung

HEFT 44
Prof. Dr. Burckhardt Helferich, Bonn
Über Glykoside
Prof. Dr. Fritz Micheel, Münster
Kohlenhydrat-Eiweiß-Verbindungen und ihre biochemische Bedeutung
in Vorbereitung

HEFT 45
Prof. Dr. John von Neumann, Princeton, USA
Entwicklung und Ausnutzung neuerer mathematischer Maschinen
Prof. Dr. E. Stiefel, Zürich
Rechenautomaten im Dienste der Technik mit Beispielen aus dem Züricher Institut für angewandte Mathematik
1955, 74 Seiten, 6 Abb., kartoniert, DM 3,50

HEFT 46
Prof. Dr. Wilhelm Weltzien, Krefeld
Ausblick auf die Entwicklung synthetischer Fasern
Prof. Dr. Walther Hoffmann, Münster
Wachstumsformen der Industriewirtschaft
in Vorbereitung

HEFT 47
Staatssekretär Prof. Leo Brandt, Düsseldorf
Die praktische Förderung der Forschung in Nordrhein-Westfalen
Prof. Dr. Ludwig Raiser, Bad Godesberg
Die Förderung der angewandten Forschung durch die Deutsche Forschungsgemeinschaft
in Vorbereitung

HEFT 48
Dr. Hermann Tromp, Rom
Bestandsaufnahme der Wälder der Welt als internationale und wissenschaftliche Aufgabe
Prof. Dr. Franz Heske, Schloß Reinbek
Die Wohlfahrtswirkungen des Waldes als internationales Problem
in Vorbereitung

HEFT 49
Präsident Dr. G. Böhnecke, Hamburg
Zeitfragen der Ozeanographie
Reg.-Direktor Dr. H. Gabler, Hamburg
Nautische Technik und Schiffssicherheit
1955, 120 Seiten, 49 Abb., kartoniert, DM 7,50

HEFT 50
Prof. Dr.-Ing. Friedrich A. F. Schmidt, Aachen
Probleme der Selbstzündung und Verbrennung bei der Entwicklung der Hochleistungskraftmaschinen
Prof. Dr.-Ing. A. W. Quick, Aachen
Ein Verfahren zur Untersuchung des Austauschvorganges in verwirbelten Strömungen hinter Körpern mit abgelöster Strömung
in Vorbereitung

HEFT 51
Prof. Dr. Siegfried Strugger, Münster
Struktur, Entwicklungsgeschichte und Physiologie der Chloroplasten
Direktor Dr. J. Pätzold, Erlangen
Therapeutische Anwendung mechanischer und elektrischer Energie
in Vorbereitung

HEFT 52
Mr. Patmore, London
Lufttüchtigkeit und technische Prüfung der Flugzeuge in England
Prof. Dr. A. D. Young, Cranfield
Die Ausbildung des Ingenieurnachwuchses auf dem Luftfahrtgebiet in England
in Vorbereitung

JAHRESFEIER 1955
Prof. Dr. Josef Pieper, Münster
Über den Philosophie-Begriff Platons
Prof. Dr. Walter Weizel, Bonn
Die Mathematik und die physikalische Realität
1955, 62 Seiten, kartoniert, DM 2,90

HEFT 52a
Dr. D. C. Martin, London
Geschichte und Organisation der Royal Society
Dr. Roux, Südafrika
Probleme der wissenschaftlichen Forschung in der Südafrikanischen Union
in Vorbereitung

HEFT 53
Prof. Dr.-Ing. Georg Schnadel, Hamburg
Forschungsaufgaben zur Untersuchung der Festigkeitsprobleme im Schiffbau
Prof. Dipl.-Ing. Wilhelm Sturtzel, Duisburg
Forschungsaufgaben zur Untersuchung der Widerstandsprobleme im Schiffbau
in Vorbereitung

HEFT 53a
Prof. Giovanni Lampariello, Rom
Von Galilei zu Einstein
1956, 92 Seiten, kartoniert, DM 4,20

HEFT 54
Prof. Dr. Julius Bartels, Göttingen
Sonne und Erde — das Thema des internationalen geophysikalischen Jahres
Direktor Dr. Walter Dieminger, Lindau/Harz
Ionosphäre und drahtloser Weitverkehr
in Vorbereitung

HEFT 54a
Sir John Cockcroft, London
Die friedliche Anwendung der Kernenergie
in Vorbereitung

HEFT 55
Prof. Dr.-Ing. Fritz Schultz-Grunow, Aachen
Das Kriechen und Fließen hochzäher und plastischer Stoffe
Prof. Dr.-Ing. Hans Ebner, Aachen
Wege und Ziele der Festigkeitsforschung besonders im Hinblick auf den Leichtbau
in Vorbereitung

SPRINGER FACHMEIDEN WIESBADEN GMBH

HEFT 56
Prof. Dr. Ernst Derra, Düsseldorf
Der Entwicklungsstand der Herzchirurgie
Prof. Dr. Gunther Lehmann, Dortmund
Muskelarbeit und Muskelermüdung in Theorie und Praxis
in Vorbereitung

HEFT 57
Prof. Dr. Theodor von Kármán, Pasadena
Freiheit und Organisation in der Luftfahrtforschung
in Vorbereitung

HEFT 58
Prof. Dr. Fritz Schröter, Ulm
Neue Forschungs- und Entwicklungsrichtungen im Fernsehen
Prof. Dr. Albert Narath, Berlin
Der gegenwärtige Stand der Filmtechnik
in Vorbereitung

HEFT 59
Prof. Dr. Richard Courant, New York
Die Bedeutung der modernen mathematischen Rechenmaschinen für mathematische Probleme der Hydrodynamik und Reaktortechnik
Prof. Dr. Ernst Peschl, Bonn
Die Rolle der komplexen Zahlen in der Mathematik und die Bedeutung der komplexen Analysis
in Vorbereitung

VERÖFFENTLICHUNGEN DER ARBEITSGEMEINSCHAFT FÜR FORSCHUNG DES LANDES NORDRHEIN-WESTFALEN

GEISTESWISSENSCHAFTEN

Im Auftrage des Ministerpräsidenten Fritz Steinhoff
herausgegeben von Staatssekretär Prof. Leo Brandt

HEFT 1
Prof. Dr. Werner Richter, Bonn
Die Bedeutung der Geisteswissenschaften für die Bildung unserer Zeit
Prof. Dr. Joachim Ritter, Münster
Die aristotelische Lehre vom Ursprung und Sinn der Theorie
1953, 64 Seiten, kartoniert, DM 2,90

HEFT 2
Prof. Dr. Josef Kroll, Köln
Elysium
Prof. Dr. Günther Jachmann, Köln
Die vierte Ekloge Vergils
1953, 72 Seiten, kartoniert, DM 2,90

HEFT 3
Prof. Dr. Hans Erich Stier, Münster
Die klassische Demokratie
1954, 100 Seiten, kartoniert, DM 4,50

HEFT 4
Prof. Dr. Werner Caskel, Köln
Lihyan und Lihyanisch. Sprache und Kultur eines frontarabischen Königreiches
1954, 168 Seiten, 6 Abb., kartoniert, DM 8,25

HEFT 5
Prof. Dr. Thomas Ohm, Münster
Stammesreligionen im südlichen Tanganyika-Territorium
1953, 80 Seiten, 25 Abb., kartoniert, DM 8,—

HEFT 6
Prälat Prof. Dr. Dr. h. c. Georg Schreiber, Münster
Deutsche Wissenschaftspolitik von Bismarck bis zum Atomwissenschaftler Otto Hahn
1954, 102 Seiten, 7 Bilder, kartoniert, DM 5,—

HEFT 7
Prof. Dr. Walter Holtzmann, Bonn
Das mittelalterliche Imperium und die werdenden Nationen
1953, 28 Seiten, kartoniert, DM 1,30

HEFT 8
Prof. Dr. Werner Caskel, Köln
Die Bedeutung der Beduinen in der Geschichte der Araber
1954, 44 Seiten, kartoniert, DM 2,—

HEFT 9
Prälat Prof. Dr. Dr. h. c. Georg Schreiber, Münster
Irland im deutschen und abendländischen Sakralraum

HEFT 10
Prof. Dr. Peter Rassow, Köln
Forschungen zur Reichsidee im 16. und 17. Jahrhundert
1955, 32 Seiten, kartoniert, DM 1,50

HEFT 11
Prof. Dr. Hans Erich Stier, Münster
Roms Aufstieg zur Weltherrschaft
in Vorbereitung

HEFT 12
Prof. D. Karl Heinrich Rengstorf, Münster
Mann und Frau im Urchristentum
Prof. Dr. Hermann Conrad, Bonn
Grundprobleme einer Reform des Familienrechts
1954, 106 Seiten, kartoniert, DM 4,50

HEFT 13
Prof. Dr. Max Braubach, Bonn
Der Weg zum 20. Juli 1944
1953, 48 Seiten, kartoniert, DM 2,20

HEFT 14
Prof. Dr. Paul Hübinger, Münster
Das deutsch-französische Verhältnis und seine mittelalterlichen Grundlagen
in Vorbereitung

HEFT 15
Prof. Dr. Franz Steinbach, Bonn
Der geschichtliche Weg des wirtschaftenden Menschen in die soziale Freiheit und politische Verantwortung
1954, 76 Seiten, kartoniert, DM 2,90

HEFT 16
Prof. Dr. Josef Koch, Köln
Die Ars coniecturalis des Nikolaus von Cues
1956, 56 Seiten, 2 Abb., kartoniert, DM 2,90

HEFT 17
Prof. Dr. James Conant,
US-Hochkommissar für Deutschland
Staatsbürger und Wissenschaftler
Prof. D. Karl Heinrich Rengstorf, Münster
Antike und Christentum
1953, 48 Seiten, 2 Abb., kartoniert, DM 2,90

HEFT 18
Prof. Dr. Richard Alewyn, Köln
Klopstocks Publikum
in Vorbereitung

HEFT 19
Prof. Dr. Fritz Schalk, Köln
Das Lächerliche in der französischen Literatur des Ancien Régime
1954, 42 Seiten, kartoniert, DM 2,—

HEFT 20
Prof. Dr. Ludwig Raiser, Bad Godesberg
Rechtsfragen der Mitbestimmung
1954, 48 Seiten, kartoniert, DM 2,—

HEFT 21
Prof. D. Martin Noth, Bonn
Das Geschichtsverständnis der alttestamentlichen Apokalyptik
1953, 36 Seiten, kartoniert, DM 1,60

HEFT 22
Prof. Dr. Walter F. Schirmer, Bonn
Glück und Ende des Königs in Shakespeares Historien
1954, 32 Seiten, kartoniert, DM 1,50

HEFT 23
Prof. Dr. Günther Jachmann, Köln
Der homerische Schiffskatalog und die Ilias
in Vorbereitung

HEFT 24
Prof. Dr. Theodor Klauser, Bonn
Die römischen Petrustraditionen im Lichte der neuen Ausgrabungen unter der Peterskirche
in Vorbereitung

HEFT 25
Prof. Dr. Hans Peters, Köln
Die Gewaltentrennung in moderner Sicht
1955, 48 Seiten, kartoniert, DM 2,20

HEFT 26
Prof. Dr. Fritz Schalk, Köln
Calderon und die Mythologie
in Vorbereitung

HEFT 27
Prof. Dr. Josef Kroll, Köln
Vom Leben geflügelter Worte
in Vorbereitung

SPRINGER FACHMEIDEN WIESBADEN GMBH

HEFT 28
Prof. Dr. Thomas Ohm, Münster
Die Religionen in Asien
    1954, 50 Seiten, 4 Abb., kartoniert, DM 5,—

HEFT 29
Prof. Dr. Johann Leo Weisgerber, Bonn
Die Ordnung der Sprache im persönlichen und öffentlichen Leben
    1955, 64 Seiten, kartoniert, DM 2,90

HEFT 30
Prof. Dr. Werner Caskel, Köln
Entdeckungen in Arabien
    1954, 44 Seiten, kartoniert, DM 2,—

HEFT 31
Prof. Dr. Max Braubach, Bonn
Entstehung und Entwicklung der landesgeschichtlichen Bestrebungen und historischen Vereine im Rheinland
    1955, 32 Seiten, kartoniert, DM 1,60

HEFT 32
Prof. Dr. Fritz Schalk, Köln
Somnium und verwandte Wörter in den romanischen Sprachen
    1955, 48 Seiten, 3 Abb., kartoniert, DM 2,50

HEFT 33
Prof. Dr. Friedrich Dessauer, Frankfurt a. M.
Erbe und Zukunft des Abendlandes
    in Vorbereitung

HEFT 34
Prof. Dr. Thomas Ohm, Münster
Ruhe und Frömmigkeit
    1955, 128 Seiten, 30 Abb., kartoniert, DM 8,—

HEFT 35
Prof. Dr. Hermann Conrad, Bonn
Die mittelalterliche Besiedlung des deutschen Ostens und das Deutsche Recht
    1955, 40 Seiten, kartoniert, DM 2,—

HEFT 36
Prof. Dr. Hans Sckommodau, Köln
Die religiösen Dichtungen Margaretes von Navarra
    1955, 172 Seiten, kartoniert, DM 7,20

HEFT 37
Prof. Dr. Herbert von Einem, Bonn
Der Mainzer Kopf mit der Binde
    1955, 88 Seiten, 40 Abb., kartoniert, DM 6,—

HEFT 38
Prof. Dr. Joseph Höffner, Münster
Statik und Dynamik in der scholastischen Wirtschaftsethik
    1955, 48 Seiten, kartoniert, DM 2,20

HEFT 39
Prof. Dr. Fritz Schalk, Köln
Diderots Essai über Claudius und Nero
    in Vorbereitung

HEFT 40
Prof. Dr. Gerhard Kegel, Köln
Probleme des internationalen Enteignungs- und Währungsrechts
    in Vorbereitung

HEFT 41
Prof. Dr. Johann Leo Weisgerber, Bonn
Die Grenzen der Schrift — Der Kern der Rechtschreibreform
    1955, 72 Seiten, kartoniert, DM 3,25

HEFT 42
Prof. Dr. Richard Alewyn, Köln
Von der Empfindsamkeit zur Romantik
    in Vorbereitung

HEFT 43
Prof. Dr. Theodor Schieder, Köln
Die Probleme des Rapallo-Vertrages 1922
    in Vorbereitung

HEFT 44
Prof. Dr. Andreas Rumpf, Köln
Stilphasen der spätantiken Kunst
    in Vorbereitung

HEFT 45
Dr. Ulrich Luck, Münster
Kerygma und Tradition in der Hermeneutik Adolf Schlatters
    1955, 136 Seiten, kartoniert, DM 6,15

HEFT 46
Prof. Dr. Walther Holtzmann, Rom
Das Deutsche Historische Institut in Rom
Prof. Dr. Graf Wolff Metternich, Rom
Die Bibliotheca Hertziana und der Palazzo Zuccari
    1955, 68 Seiten, 7 Abb., kartoniert, DM 3,50

JAHRESFEIER 1955
Prof. Dr. Josef Pieper, Münster
Über den Philosophie-Begriff Platons
Prof. Dr. Walter Weizel, Bonn
Die Mathematik und die physikalische Realität
    1955, 62 Seiten, kartoniert, DM 2,90

HEFT 47
Prof. Dr. Harry Westermann, Münster
Person und Persönlichkeit im Zivilrecht
    in Vorbereitung

HEFT 48
Prof. Dr. Johann Leo Weisgerber, Bonn
Die Namen der Ubier
    in Vorbereitung

HEFT 49
Prof. Dr. Friedrich Karl Schumann, Münster
Mythos und Technik   *in Vorbereitung*

HEFT 50
Prof. Dr. Wolfgang Schöne, Hamburg
Raffaels Sixtinische Madonna
    in Vorbereitung

HEFT 51
Prälat Prof. Dr. Dr. h. c. Georg Schreiber, Münster
Der Bergbau in Geschichte, Ethos und Sakralkultur
    in Vorbereitung

HEFT 52
Prof. Dr. Hans J. Wolff, Münster
Die Rechtsgestalt der Universität
    in Vorbereitung

HEFT 53
Prof. Dr. Heinrich Vogt, Bonn
Schadenersatzprobleme im Verhältnis von Haftungsgrund und Schaden
    in Vorbereitung

HEFT 54
Prof. Dr. Max Braubach, Bonn
Der Einmarsch der deutschen Truppen in die entmilitarisierte Zone am Rhein im März 1936. Ein Beitrag zur Vorgeschichte des zweiten Weltkrieges
    in Vorbereitung

HEFT 55
Prof. Dr. Herbert von Einem, Bonn
Die Menschwerdung Christi des Isenheimer Altars
    in Vorbereitung

HEFT 56
Prof. Dr. E. J. Cohn, London
Der englische Gerichtstag
    in Vorbereitung

HEFT 57
Dr. Albert Woopen, Aachen
Die Zivilehe und der Grundsatz der Unauflöslichkeit der Ehe in der Entwicklung des italienischen Zivilrechts
    1956, 88 Seiten, kartoniert, DM 4,—

SPRINGER·FACHMEIDEN WIESBADEN GMBH

If you have any concerns about our products,
you can contact us on
ProductSafety@springernature.com

In case Publisher is established outside the EU,
the EU authorized representative is:
Springer Nature Customer Service Center GmbH
Europaplatz 3, 69115 Heidelberg, Germany

Printed by Libri Plureos GmbH
in Hamburg, Germany